COSMOGONIE

COSMOGONIE

UNITÉ DES MONDES

PAR

JULES HOTIN

BAYEUX

IMPRIMERIE H. GROBON ET O. PAYAN

27, rue Saint-Jean, 27

—

1875

PRÉFACE

Nous avons dédié ce livre au grand juge qu'on appelle le Public. Notre souci a donc dû être d'être clair en même temps que convaincant pour tout le monde ; aurions-nous le bonheur d'avoir réussi ?

Le lecteur remarquera que les termes spéciaux, techniques, sont loin d'avoir été un objet de recherches dans ce livre. La simplicité dans les moyens nous a toujours paru chose désirable ; aussi avons-nous laissé au ratelier tous les outils brillants dont nous pouvions nous dispenser et dont, du reste, le maniement eût été prétentieux en nos mains. Nous n'avons pris que l'outillage rigoureusement nécessaire à l'ouvrage que nous présentons.

Utilité est une devise qui nous est chère : elle doit être le but de tout le monde. La science ne serait qu'un vain mot si elle ne recevait son application. « L'homme laborieux et en voie de s'instruire, » lisons-nous quelque part, « se trompe quand il envisage la science comme un but; elle n'est qu'un moyen. Savoir, n'est pas tout, il faut savoir mettre en œuvre le peu que l'on sait. » Nous avons essayé d'être utile dans la mesure de nos forces, heureux si nous l'avons été sans choquer les idées admises.

Cette ébauche cosmogonique, si nulle qu'elle puisse être jugée, n'a cependant pas manqué de nous donner quelques fatigues qui réclamaient peut être un temps de repos entre l'achèvement du livre et sa publication. Une impatience tyrannique nous a privé de ce moyen de retouche. Nous présentons donc l'ouvrage, brut comme un bronze sorti des mains du fondeur. Puisse cependant le Public y reconnaître les lignes générales d'une œuvre capable de mériter l'honneur de son attention, et suppléer par son indulgence à la correction que l'impatience ne nous a pas permise.

SYSTÈMES DIVERS

Aucune société humaine n'est possible sans quelques idées morales fortement arrêtées. Ces idées reposent sur la notion claire et distincte du bien et du mal, de la différence qui les sépare et de la préférence décidée que nous devons à l'un sur l'autre. Ces idées doivent être enracinées, elles doivent avoir de l'autorité sur les esprits et sur les cœurs, non pas à ce point que le mal soit impossible, mais à ce point que l'honnête homme entraîné puisse former le projet de revenir au bien et de ne s'en écarter jamais.

Mais pour avoir cette autorité, ces idées doivent avoir une origine supérieure. Si elles ne reposent que sur des nécessités sociales, le voisinage des intérêts humains les rend suspectes ; si, au contraire, les hommes sont convaincus que cet ordre admirable de l'univers est la pensée, la volonté d'une intelligence supérieure qui est à l'intelligence humaine ce que l'immensité de l'univers est à ces œuvres belles, mais périssables, que nous appelons le Parthénon et Saint-Pierre, alors le bien nous apparaît comme une portion de cet ordre admirable ; l'homme qui fait le bien s'élève jusqu'à cette intelligence supérieure et l'idée du bien trouve sa grandeur, sa dignité, sa beauté idéale.

(THIERS.)

Les anciens Romains, qui croyaient que l'univers terrestre se bornait à l'étendue de leurs conquêtes, purent croire le monde des étoiles se borner à ce que leur permettait d'embrasser leur vue. L'observation, le perfectionnement des instruments d'optique ont depuis eux bien reculé pour la science les limites des champs étoilés, et tous les jours de nouveaux mondes, de nouvelles merveilles viennent frapper les regards des savants attentifs. Parmi ces merveilles, il n'en est peut-être pas de plus intéressantes que les nébuleuses, étoiles supposées en formation, qui viennent offrir le vague et le contraste de leurs formes indéfinies au milieu de la symétrie de leur entourage.

L'origine de tous ces mondes lointains, à l'aspect souvent étrange, informe, se pose devant nous en problème que cherche naturellement à soulever l'esprit humain, mais que, à notre avis, celui-ci n'a jusqu'ici que fort peu réussi à remuer de place. On a dit que le ciel était la page d'un livre dont les étoiles étaient les caractères et que les lunettes le mieux organisées ne nous avaient encore appris à lire. Vouloir le déchiffrer après tant de recherches, de travaux aux résultats douteux, peut passer peut-être pour outrecuidance. Nous courbons la tête sous un qualificatif que, du reste, nous n'oserions certes braver si, non convaincu de l'excellence, mais frappé de la simplicité de la théorie que nous allons exposer aux lecteurs, nous ne nous faisions quelque scrupule de cacher au jour le résultat de méditations pouvant être de quelque utilité. Si nous avions atteint ce but d'utilité, nous nous estimerions heureux et récompensé de notre témérité. Que l'on veuille donc nous pardonner en faveur de l'intention. Notre livre est d'ailleurs si petit, que nous nous servons de sa faiblesse même pour nous garantir des attaques qu'il pourrait nous susciter, et nous prions le lecteur généreux de vouloir bien prendre en considération la petitesse même de ce bouclier.

L'origine des mondes ou cosmogonie a été traitée par Buffon, par La Place et d'autres auteurs illustres encore. Nous exposons sous les yeux des lecteurs leurs théories brillantes, conceptions magnifiques, auxquelles leurs auteurs eussent pu retoucher peut-être s'ils eussent possédé alors les faits nouveaux dont la science s'est enrichie depuis, et s'enrichit encore tous les jours.

Buffon, considérant les planètes tournant toutes autour du soleil, sur un même plan, conclut qu'une même cause devait leur avoir communiqué l'impulsion première. Il avait en ceci, pensons-nous, parfaitement raison. Cette cause première, suivant lui, ne peut être qu'une comète qui, tombant sur le soleil et le touchant obliquement, en aura arraché une portion assez grande pour former les planètes du système auquel nous appartenons.

Cette masse liquide, sous l'effet de la chaleur et lancée dans l'espace, aura vu ses parties les plus denses se séparer des moins denses, et ces parties auront fini, en raison de leur attraction mutuelle, par former des globes de différentes natures et différentes matières. Saturne, composé des éléments les plus gros, les plus légers, se sera le plus éloigné du soleil; et les autres planètes inférieures et supérieures se seront rangées d'elles-mêmes en raison de leurs densités relatives.

L'expérience nous montre journellement, dit Buffon, que si le coup qui sépare d'un corps une partie de sa masse le frappe dans une direction oblique, la partie séparée s'échappe en tournant sur elle-même, jusqu'à ce que l'attraction l'ait ramenée à la surface du sol. C'est ce qui est arrivé aux planètes. Mais, comme la force centrifuge les retient à distance du soleil, elles conservent, tout en faisant leur révolution autour de cet astre, le mouvement de rotation sur elles-mêmes qui leur donne les alternatives du jour et de la nuit.

L'obliquité du coup a pu, ajoute-t-il, être telle

1*

qu'il se sera séparé du corps de la planète principale de petites parties de matière qui auront conservé la même direction que la planète même, et, en même temps, elles auront suivi nécessairement celle-ci dans son parcours du Soleil, en tournant sur elles-mêmes autour de la planète, a peu près dans le même plan de son orbite. On voit bien que ces petites parties que l'obliquité aura séparées sont les satellites.

Le jugement porté sur cette hypothèse, aujourd'hui que la densité des comètes est connue, est qu'il pèche essentiellement par sa base même. La rencontre d'une comète est loin de pouvoir produire un effet semblable à celui dont parle Buffon. Un corps dont la faiblesse de densité est telle qu'il serait impuissant à pénétrer même l'atmosphère de la terre, un corps laissant voir à travers sa masse des étoiles, même de moyenne grandeur, ne peut guère servir, qu'on nous passe l'expression, d'instrument à écorner des soleils. Il a, de plus, ce tort bien grave à nos yeux, tort que nous aurons à reprocher encore, de n'expliquer que la plus faible partie du systène universel et de négliger l'objet principal, le Soleil. Loin de parler de son origine, cette théorie semblerait prendre à tâche sa destruction partielle.

Rendons cependant justice à une brillante imagination, mal secondée par les progrès astronomiques d'alors, et exposons le système de l'illustre La Place :

« L'observation des mouvements des planètes con-
« duit à penser, dit-il, qu'en vertu d'une chaleur
« excessive, l'atmosphère du Soleil s'est étendue
« au-delà des orbes de toutes les planètes et qu'elle
« s'est resserrée successivement jusqu'à ses limites
« actuelles. Elle a dû, en se refroidissant, abandonner

« les molécules situées à ces limites successives, et ces
« molécules abandonnées ont continué de circuler
« autour de cet astre , leur force centrifuge étant ba-
« lancée par leur pesanteur. Les zônes de vapeurs
« successivement abandonnées ont dû former par leur
« condensation et l'attraction mutuelle de leurs molé-
« cules , divers anneaux concentriques de vapeurs
« circulant autour du soleil.

« Si toutes les molécules d'un anneau de vapeurs
« continuaient à se condenser sans se désunir, elles
« formeraient à la longue un anneau liquide ou so-
« lide ; mais la régularité que cette formation exige
« dans toutes les parties de l'anneau et dans leur
« refroidissement a dû rendre ce phénomène extrê-
« mement rare. Aussi, le système solaire n'en offre-
« t-il qu'un seul exemple , celui de l'anneau de
« Saturne. Presque toujours, chaque anneau a dû se
« rompre en plusieurs masses qui , même avec des
« vitesses très-peu différentes, ont continué à circuler
« à la même distance autour du soleil. Mais, si l'une
« d'elles a été assez puissante pour réunir successi-
« vement par son attraction toutes les autres autour
« de son centre, l'anneau de vapeurs aura ainsi été
« transformé dans une seule masse sphérique, circu-
« lant autour du soleil , avec une rotation dirigée
« dans le sens de sa révolution. Ce dernier cas a été
« le plus commun.

« Maintenant, si nous suivons les changements
« qu'un refroidissement ultérieur a dû produire dans
« les planètes en vapeurs dont nous venons de conce-
« voir la formation, nous verrons naître au centre de
« chacune d'elles un noyau s'accroissant sans cesse par
« la condensation de l'atmosphère qui l'environne.

« Dans cet état, la planète ressemblait parfaitement
« au soleil à l'état de nébuleuse où nous venons de
« la considérer ; le refroidissement a donc dû pro-
« duire aux diverses limites de son atmosphère des
« phénomènes semblables à ceux que nous avons
« déjà décrits, c'est-à-dire, des anneaux et des satel-
« lites circulant autour de son centre, dans le sens de
« son mouvement de rotation, et tournant dans le
« même sens sur eux-mêmes. Les anneaux de Sa-
« turne sont des preuves toujours subsistantes de
« l'extension primitive de l'atmosphère de Saturne et
« de ses retraites successives.......

« Ainsi, dit La Place, les phénomènes singuliers
« du peu d'excentricité des orbes des planètes et des
« satellites, du peu d'inclinaison de ces orbes à l'équa-
« teur solaire et de l'identité du sens des mouvements
« de rotation et de révolution de tous ces corps avec
« celui de la rotation du soleil, découlent de l'hypo-
« thèse que nous proposons et lui donnent une
« grande vraisemblance. »

Il ne nous appartient pas de faire le procès de la
théorie que nous venons d'exposer. Qu'on nous permette seulement d'y signaler deux défauts. Le premier
est l'explication de la cause possible de la répudiation
de la matière du soleil, lors du retrait supposé de
l'atmosphère de cet astre. En effet, si le manque de
cohésion des molécules de cette masse solaire étendue
en est la véritable cause, nous voyons peu de chances
de concentration pour la partie abandonnée que ces
molécules composent, et bien peu de dispositions
matérielles pour former, constituer une planète quelconque.

D'un autre côté, si la matière, au contraire suppo-

sée douée de cohésion, est arrachée de la masse
solaire par l'effet de la force centrifuge, un obstacle
se dresse encore pour le tracé circulaire des orbites.
Chacun sait, en effet, qu'il est dans la nature du
mouvement d'être opéré en ligne droite, et qu'une
masse détachée d'une autre possédant un mouvement
rotatoire est appelée immédiatement à affecter une
marche rectiligne et peu propre à se conformer au
mouvement circulaire affecté par toutes les planètes.
La pesanteur attribuée à la masse abandonnée a peine
à justifier ce mouvement circulaire, continué après sa
séparation de la masse principale à laquelle elle
appartenait et à laquelle on demande de fixer dans
son voisinage, par sa force, sa vertu attractive, une
masse qu'elle n'a pas eu celle de pouvoir retenir.

Il est encore un second point où satisfaction ne
nous semble pas donnée : ce système, malgré tout
son mérite que nous honorons, a le défaut, grand à
nos yeux, d'être taillé en quelque sorte dans la matière toute faite. Il tend à expliquer la formation, le
jeu des planètes et se tait sur la formation du principal objet du groupe planétaire, le Soleil. Il néglige
sa formation matérielle, l'origine de son mouvement,
la cause et le sens de ce mouvement. Cette lacune
importante, regrettable dans une aussi belle conception, la rend incomplète à nos yeux. Nous répétons
que le principal objet de notre univers est le Soleil,
et que les planètes n'en forment qu'un accessoire
qui, plus que lui, pouvait supporter le silence et
l'oubli dans une conception théorique. Qu'on nous
pardonne ce coup de sonde dans une œuvre à laquelle
nous n'aurions peut-être dû toucher. Nous nous
efforcerons de nous faire absoudre de notre témérité.

En établissant une analogie entre les milieux gazeux des nébuleuses et les gaz terrestres qu'il est
donné à nos sens d'apprécier, il nous a semblé qu'on
avait jusqu'ici trop hésité à accorder aux premiers les
propriétés reconnues des seconds. Séduit par les
effets manifestes et connus de l'attraction, on a été
par elle conduit hors de la vraie voie, qu'on permette
le mot, de la vraie piste de la recherche. On a admis
jusqu'ici des gaz ou vapeurs pour milieux nébuleux,
mais en négligeant toutefois d'appuyer sur les propriétés expansives de ces fluides, propriétés qui
gênaient les idées de concentration matérielle. Pourquoi cependant, si les gaz se dilatent manifestement
sous nos yeux, si leur caractère principal est l'expan-
sibilité, ne pas les admettre dilatables, expansibles
partout? Pourquoi faire complexes les causes naturelles qui semblent vouloir toujours la simplicité?
L'analogie, écoutée jusqu'au bout, nous paraît préfé-
rable et plus favorable à l'explication, et c'est en ne
contredisant pas dans l'infiniment grand les faits
établis sous nos yeux par la propension expansive des

gaz, que nous allons faire le premier pas dans la présente théorie.

Le ciel, avons-nous dit, offre aux yeux de l'observation deux spectacles bien différents. A côté d'un ordre, d'une régularité mathématiques qui jettent dans l'étonnement celui qui s'en instruit pour la première fois, et qui maintiennent, dans une éternelle admiration, ceux auxquels les principales lois en sont devenues familières, se voient des taches vagues, immenses parfois, qui semblent n'avoir en partage que l'irrégularité dont est susceptible le hasard le plus aveugle. Ces vastes taches, que l'astronomie appelle nébuleuses, où doit germer une organisation mystérieuse, semblent une énigme, un paradoxe jeté par la nature en travers les cieux; car, en effet, dans le tableau universel, une loi puissante semble présider au mouvement, au maintien du monde stellaire : l'attraction mutuelle des astres et celle de chaque astre pour sa propre matière, sortes d'affinités, de cohésions du monde infiniment grand.

Le spectacle de certaines nébuleuses, loin d'offrir dans leur ensemble la moindre idée de cohésion, semble bien au contraire offrir celle de la répulsion moléculaire la plus prononcée. Là où l'affinité devrait ne produire que des centres massifs de condensation, l'œil ne perçoit souvent, au contraire, que centres obscurs environnés de couronnes de nature vague, à tendances lumineuses, que lambeaux semblant s'arracher pour fuir et s'échapper à un centre commun dont ils auraient horreur. On dirait que la matière cosmique, appelée à former des astres, se fuit et que, au contraire, son milieu éthéré se condense en taches circulaires obscures; à peine quelques points lumineux, où la matière semble s'amasser, se concentrer, conformément à ce que demandent l'analogie et la raison. Tel est le spectacle qu'offre le grand amas nébuleux de la Dorade. D'où viennent dans le tableau des cieux ces scènes d'opposition ?

La question paraîtrait peut-être moins énigmatique si l'on voulait, abandonnant résolûment l'idée de la concentration de la matière par sa propre vertu attractive, rapporter, appliquer dans l'infiniment grand ce qui se passe en petit sous nos yeux. Nous allons donc voir si, ce que nous soupçonnons fort, dans ces deux manières extrêmes d'opérer de la nature il n'y aurait qu'une seule et simple manière d'être de la matière, et si, en accordant aux phénomènes de l'étendue la force expansive qui caractérise les gaz, il ne se jetterait pas quelque jour sur ce problème ardu.

Car c'est précisément, répétons-le, de cette force expansive et répulsive que nous nous servons dans cette théorie ; c'est sur elle que nous basons notre point de départ pour expliquer le mystère de la formation universelle. C'est, en effet, dans des morceaux détachés de grandes masses, dites nébuleuses, que nous avons été conduit, avec le concours de l'expansion fluide et de ses conséquences, à former un monde planétaire avec ses orbites, ses rotations diurnes, tous les phénomènes concomittants. Mais, qu'on veuille bien le pardonner à notre présomption, nous abandonnerions certainement le système que nous exposons ici, si nous ne trouvions place au soleil, et plutôt que de lui faire l'injustice de ne lui accorder le rôle si important qui lui appartient.

Parmi les figures qu'offre souvent le dessin capricieux des nébuleuses, il en est une dont la production

multipliée nous a frappé et semble devoir être l'objet
d'une attention particulière. Cette obstination de la
nature à la reproduire devait, croyions-nous, avoir
une mystérieuse raison d'être, et la simplicité extrême de la figure affectée au milieu de phénomènes
universels, dont pas un n'est sans cause, nous semblait encore une raison d'intérêt et d'observations.

Nous voulons parler ici de ces sortes d'arcs de
matière cosmique, semblant le plus souvent repoussés
de la masse dont ils faisaient partie, et représenter
parfois des fragments de ces couronnes à centre obscur
dont nous avons déjà parlé. La grande nébuleuse de
la Dorade en contient plusieurs types, et d'autres
nébuleuses annulaires, sortes de voies lactées de
l'espace inconnu, s'en montrent comme hérissées,
fleuronnées (Fig. 1). Nous avons été conduit à penser
que chacun de ces fragments, de ces arcs détachés
par la force expansive de leur grande masse nébuleuse, ne l'est complétement que lorsqu'il doit se
trouver propre par son développement, par son isolement, sa forme, à renfermer un foyer de fermen-
tation, une base d'opération solide pour assurer un
avenir planétaire. C'est donc dans la déformation,
l'irrégularité même de ces amas nébuleux, dont plusieurs semblent des nuages tourmentés, déchiquetés
par la tempête ; c'est donc au milieu du désordre
occasionné par la force expansive que nous allons
diriger nos recherches et nous appliquer à puiser
l'ordre et la régularité d'un mécanisme céleste en
formation.

L'action répulsive d'un amas nébuleux (amas qu'il
ne faut pas confondre ici avec l'arc dont nous avons
déjà parlé, lequel en fait simplement une partie plus

ou moins détachée), — l'action répulsive, disons-nous, en rejetant cet arc nébuleux, a pour premier effet de refouler l'éther au milieu duquel se passe ce phénomène de répulsion et de créer par conséquent autour de cet arc, surtout vers le côté opposé de la grande masse nébuleuse, des parois résistants dans cet éther. Le second effet est de provoquer une réaction de l'éther refoulé, réaction dont l'effet se dirige alors en sens inverse du mouvement de répulsion, c'est-à-dire, se dirige, retourne vers le centre de la grande masse nébuleuse. Pour l'intelligence de ce qui précède, nous devons rappeler au lecteur qu'il est généralement admis que le vide absolu n'existe nulle part dans la nature. Les espaces intersidéraux les plus profonds doivent être remplis d'un fluide impondérable, élastique, etc., jouissant des principales propriétés des fluides gazeux. C'est dans ce milieu, nommé éther, que doivent s'accomplir tous les phénomènes que nous présente le ciel. C'est entre les parois de ses molécules refoulées, avons-nous déjà dit, que s'accomplit le travail de concentration, d'organisation des corps célestes qui fait l'objet de nos présentes recherches. Ce sont ses parois mobiles et distendus qui, dans l'énergie de leur réaction, doivent être, pensons-nous, les grands moteurs primitifs du mécanisme universel. Nous arrêtons donc ici le lecteur pour bien le pénétrer du principe fondamental et admis de l'existence, disons de l'ubiquité de l'éther, principe essentiel dans cette théorie.

Ceci établi, et nous n'avons, pensons-nous, contrarié en rien les lois naturelles connues, nous allons maintenant faire un pas dans la question et examiner la manière possible de procéder de la nature pour trouver, se créer des centres de concentration dans cet arc, dont nous avons parlé au lecteur, et que nous pressentons devoir leur donner naissance.

Nous allons dans cette intention essayer d'entrer dans ses vues, de saisir sa manière d'opérer habituelle en usant de la simplicité et de l'économie que nous lui connaissons dans ses combinaisons.

Supposons donc, pour le moment, un périmètre irrégulier quelconque, rempli d'un fluide à concentrer. Quel sera le moyen le plus simple, celui qui, avec le moins de frais de combinaison, donnera les plus grands centres de concentration que ce périmètre pourra comporter. Ce moyen ne peut être que celui qui consiste à procéder du plus grand au plus petit, c'est-à-dire, à inscrire d'abord arbitrairement le plus grand cercle possible dans l'espace offert, puis d'inscrire encore entre cette première circonférence et les limites du périmètre, les plus grands cercles qui pourront encore y trouver place. En continuant toujours ainsi l'inscription des cercles diminués, nous arrivons rapidement à une décroissance qui devient pour nous une dernière limite de conception.

Ce ne peut être que là, croyons-nous, que réside la simplicité d'opérer que nous cherchons dans la nature. Faire avec le moins de frais de recherche, c'est-à-dire, le plus facilement possible, nous semble atteint ici. Doter un espace donné de points de concentration les plus considérables pour servir probablement plus tard de base aux autres, voilà le but cherché que nous avons peut-être ici le bonheur d'indiquer.

Nous verrons bientôt, du reste, si ce principe *aristocratique*, employé dans le partage de l'espace, s'accorde avec les proportions connues des astres entre eux et nos connaissances cosmographiques actuelles.

Notre désir étant d'être compris de tout lecteur, qu'on nous permette une ébauche du système planétaire auquel nous appartenons.

Ce système se compose premièrement d'un soleil faisant une révolution sur lui-même de vingt-cinq jours environ. Deuxièmement, de planètes se mouvant autour de lui à peu près sur le même plan, dans une ellipse appelée orbite, et animées elles-mêmes d'un mouvement de rotation dont le sens est pour toutes le même que celui du soleil. Ces planètes qui gravitent dans une même direction sont par ordre de distance au soleil :

Mercure,
Vénus,
La Terre,
Mars,
Jupiter,
Saturne,
Uranus,
Neptune.

Il existe encore entre Mars et Jupiter quatre-vingt-quatorze petites planètes possédant comme les autres grosses leurs orbites particuliers. La science découvre fréquemment de nos jours de nouvelles petites planètes. On a supposé que ces petits astres n'étaient autre chose que des débris planétaires ; nous verrons plus tard ce que nous en devons penser.

Le soleil est environ un million quatre cent mille fois plus gros que la terre. En prenant celle-ci avec ses neuf mille lieues de circonférence comme terme de comparaison , et en la représentant par 1 , on aura pour la grosseur des diverses planètes :

Pour	Mercure.	0 06
—	Vénus	0 95
—	Mars.	0 14
—	La Terre.	1
—	Jupiter.	1414
—	Saturne.	734
—	Uranus.	82
—	Neptune.	110

En représentant toujours par 1 la distance de la Terre au soleil qui est de 38,000,000 de lieues, nous avons :

Pour	Mercure	0 38
—	Vénus.	0 72
—	La Terre	1 00
—	Mars.	1 05
—	Jupiter.	5
—	Saturne.	9
—	Uranus.	19
—	Neptune	30

Le monde se compose encore , troisièmement , d'astres plus petits , nommés satellites , tournant autour des planètes un peu à la manière de celles-ci autour du soleil. La Terre possède un satellite connu, la Lune. Jupiter en a quatre; Saturne en a huit; Uranus quatre, et enfin, Neptune un seul, comme la Terre.

Les derniers éléments qui composent notre système sont, quatrièmement, les comètes, astres excentriques semblant échapper aux lois générales pour en suivre d'autres encore inconnues et qui peuvent se diviser en comètes à courte période, dont le retour peut être prévu et annoncé, et les comètes à longues périodes, dont les retours échappent aux calculs.

Les cieux paraissent, en outre, parsemés d'astéroïdes, mondes en miniature qui, par l'effet d'accidents naturels, viennent jusqu'à pénétrer notre atmosphère et à s'y enflammer. L'orbite terrestre semblerait à peu près parallèle à une zône d'astéroïdes de cette espèce. Nous croyons devoir mentionner ici cette zône dont nous pourrons peut-être en temps et lieu invoquer le témoignage. On a lieu de supposer tous les orbites des planètes d'être aussi parallèles à une ceinture d'astéroïdes.

Voilà une esquisse bien rapide de ce système planétaire que nous connaissons, et que nous soupçonnons fort devoir ressembler à tous les autres systèmes simples de gravitation, épars et fonctionnant dans l'univers. Cette description suffira pour l'instant aux besoins de l'explication. Après cet exposé de ce qui existe, exposons ce que nous croyons devoir exister.

Nous avons montré au lecteur la répulsion apparente des amas nébuleux pour leur propre matière ; nous avons attiré son attention sur la quantité de fragments arqués et plus ou moins détachés qui en résulte, et l'avons initié au procédé, très-probablement adopté par la nature, au mystère, pourrait-on dire, de la division de la matière de cet arc appelé à engendrer des mondes. Nous allons maintenant lui expliquer la période de la mise en mouvement des cercles inscrits, fruits de cette division, cercles destinés — le lecteur l'a deviné déjà peut-être — à former des astres. Mais, auparavant, revenons un peu en arrière, à notre arc générateur que nous n'avons fait qu'esquisser ; voyons ce que la réaction éthérée aura pu modifier dans sa forme ; dessinons à grands traits cette forme ; nous en épurerons les lignes quand le moment d'une plus grande précision sera venu.

La force réagissante de l'éther refoulé sur l'arc a pour premier effet de produire une déformation complète de celui-ci. La matière cosmique qu'il renferme, ainsi refoulée à son tour du sommet à la base de cet arc (1), s'accumule alors vers cette base en tendant à prendre une forme circulaire, forme commune à beaucoup de nébuleuses, et par laquelle, pensons-nous, elles doivent passer, non cependant peut-être sans exception.

Dans la nature, quelques points de concentration nébuleux se montrent encore soudés à des vestiges de l'arc dont nous parlons.

Mais cette force réagissante, qui fait affluer ainsi toute la matière cosmique de l'arc de son sommet à sa base, ne produit pas seulement un effet brutal de compression ; elle va nous révéler un mécanisme dont nous laissons au lecteur le soin de juger l'ingéniosité. Cette forme arquée, dont le sommet pénétrait dans les profondeurs de l'éther, va se trouver bientôt avoir été non une forme due au hasard, mais à un calcul. Elle va se montrer à nous étudiée et propre à faire jouer aux cercles qu'elle peut renfermer les rôles mathématiques auxquels ils sont destinés.

Le moment que l'intelligence qui préside à ce

(1) Nous appelons base de l'arc, la partie encore liée, adossée à la grande masse nébuleuse.

grand travail choisit pour l'inscription des cercles,
n'est pas celui où la forme nouvelle de la nébuleuse
naissante est devenue parfaitement circulaire ; c'est
un instant subtil où sa forme générale tient du cercle
et encore un peu de la forme conique allongée dont
il procède. Cette forme peut se définir par un cercle
auquel un appendice conique est attaché par sa
base (Fig. 2). La nature saisit un moment où la matière cosmique a subi ainsi, dans la partie centrale du
fragment arqué qui nous occupe, un premier état de
compression et une forme qui la rendent propre à
remplir ses vues dans la procréation des astres. Nous
en verrons la raison se dessiner bientôt.

C'est donc dans la figure désignée (Fig. 2), sorte
d'ovaire du monde, que nous allons opérer le placement des astres planétaires représentés par les cercles
à y inscrire.

Nous allons, usant du procédé arbitraire que nous
savons, placer le plus grand cercle possible qui
trouvera naturellement son centre au point désigné
par 1 (Fig. 3), centre lui-même du renflement qu'a
produit l'absorption de la matière de l'arc primitif
ainsi transformé.

Ce grand cercle principal, auquel nous donnons
le nom de solaire, étant ainsi établi, un autre cercle
d'ordre secondaire [2] peut établir encore son centre
à la base de cette partie réduite de l'arc primitif,
appendice qui affecte toujours une forme plus ou
moins conique et que nous désignerons souvent sous
le nom de colonne.

Un troisième cercle [3] peut également être inscrit
immédiatement au-dessus, et enfin d'autres encore,
selon l'angle plus ou moins ouvert de cette colonne,

pourront y trouver place et terminer ainsi une chaîne de cercles s'appuyant sur le cercle principal. A ces cercles de diamètres divers, mais dont les centres passent tous à peu près par la même ligne, nous donnons le nom de planétaires.

Mais dans les intervalles laissés entre ces cercles et les contours de la colonne qui représentent les parois de l'éther que nous connaissons, peuvent s'en inscrire encore une quantité considérable d'autres de troisième, quatrième, cinquième ordre, dont les intervalles peuvent eux-mêmes contenir un nombre infini de cercles de plus en plus inférieurs. Toutefois, avant d'aller plus loin, examinons les conditions dans lesquelles vont se passer les phénomènes qui vont suivre.

Nous avons parlé déjà d'un premier état de concentration matérielle, subi par la matière cosmique, lors de la réaction de l'éther. Cette réaction a déterminé, en effet, non-seulement la déformation de l'arc primitif, mais encore un changement extrêmement important dans la nature de la matière gazeuse qui le composait (1). L'effet de ces coups de bélier de l'éther a donc été, en violentant les molécules gazeuses, d'en dénaturer les tendances primitives

(1) Il est à remarquer ici, que si l'on comprime un corps de manière à augmenter sa densité, sa température s'élève d'autant plus que la diminution de volume est plus grande. Peu sensible dans les liquides, le dégagement de chaleur est considérable dans les gaz qui sont très compressibles. Dans les grands amas nébuleux dont nous avons parlé, les points où la concentration semble la plus avancée sont aussi ceux qui paraissent les plus lumineux par l'effet de la chaleur développée. Il est encore à remarquer que la plupart des gaz, sous l'effet de la pression, se liquéfient et passent ainsi par le premier degré de solidification. Il est très probable que tous les gaz connus donneraient le même résultat s'ils pouvaient être soumis à une pression suffisante.

et de les obliger, par les rapprochements forcés de leur compression, à se ramasser et à adopter ainsi un premier sentiment de cohésion, un état préparatoire propre à faire supporter à la figure nébuleuse que nous connaissons, les phénomènes dont elle va devenir à la fois le théâtre et l'instrument.

Et maintenant que nous avons vu les conditions du milieu dans lequel ils vont opérer, retournons à nos cercles inscrits.

Le point où les molécules de l'éther, refoulées partout autour de l'arc nébuleux dilaté, doivent exercer leur réaction la plus puissante, est naturellement celui où cet arc, à l'opposite du grand amas nébuleux, s'est avancé le plus dans l'éther. La ligne qui supporte par conséquent la plus grande somme de compression doit donc être celle qui traverse l'arc dans toute sa longueur de A à B (Fig. 4), c'est-à-dire, précisément celle qui passe à peu près par les centres de tous les cercles principaux inscrits.

Une grande pression force donc toutes ces circonférences à se serrer les unes contre les autres, à se pénétrer pour ne faire entre elles qu'une seule masse homogène. C'est, en effet, ce qui arriverait certainement si la disposition arquée de la colonne ne s'y opposait et ne demandait ainsi un mécanisme de formation plus complexe. Pour que cette agglomération de circonférences pût avoir lieu, et alors la division arbitraire de l'arc dont nous avons parlé devenait, disons-le en passant, inutile, il fallait une grande régularité géométrique dans la colonne ; que cette pression passât rigoureusement par les centres des circonférences sous peine de les voir, sous la pression de l'éther, se dérober et échapper à cette sorte de concentration inerte et confuse dont nous parlons.

Mais, sous la compression qui enserre une forme irrégulière comme celle de l'arc, ce que nous appelons la concentratiou confuse ne peut avoir lieu. La ligne droite exigée par la force qui s'exerce ne passe pas par les axes des circonférences, ou tout au moins, après la déformation de l'arc dont nous avons parlé, ne passe pas par l'axe du grand cercle principal, le cercle solaire. De là, dans l'ovaire central, une obliquité entre la colonne planétaire et ce grand cercle solaire. Il résulte de là que les cercles vont se soustraire absolument à la concentration confuse et obéir à des lois mécaniques. Le mouvement de leur fuite sous la pression va s'opérer dans des conditions mathématiques de plus en plus rigoureuses ; le mécanisme universel va devoir naître de l'irrégularité même. Nous allons essayer d'y faire assister le lecteur. Qu'il veuille donc bien excuser notre prétention, notre foi dans cette théorie ; mais nous croyons qu'il sera frappé comme nous du résultat de nos recherches, et qu'il veuille bien nous accorder un peu de cette patience qu'il nous a fallu quelquefois dépenser.

Primitivement et avant la conception des cercles, lorsque l'éther envahi a réagi contre la matière gazeuse de l'arc étendu, la grande ligne de compression principale était, ne pouvait être dans cette simple colonne arquée qu'une suite de lignes brisées, rencontrant toujours à leur extrémité la ligne intérieure concave de l'arc (Fig. 5). La direction de la force qui parcourt cette ligne étant de A en B, qui représentent : la première, l'extrémité de l'arc projeté dans l'éther ; la seconde, l'amas nébuleux expul-

seur, il en résulte que cette force, arrivée en B, foyer
de répulsion, a dû suivre après ce contact une ligne
plus ou moins perpendiculaire à la dernière ligne
brisée B C. L'accumulation de la matière semble donc
devoir se faire du côté, dans le sens que parcourt
l'ensemble de ces lignes brisées, c'est-à-dire, de B
à D. La base de la colonne, ainsi distendue par l'affluence de la matière qui s'y précipite, détermine,
au fur et à mesure de sa distension, d'autres lignes
brisées, toujours dans le même sens, qui agran-
dissent la circonférence naissante de la base. C'est
un peu avant la fin de cette période de transformation
d'arc en cercle, dans le milieu de ces gaz en mouvement, tourmentés, que se forme le noyau, l'ovaire
destiné à contenir les cercles, et c'est lorsque cet
ovaire, sous cette pression, a épousé une forme qui
participe du grand cercle que nous voyons naître, et
encore de l'arc déformé qu'il a à peu près absorbé,
que se détermine dans son milieu l'inscription subite
des cercles solaire et planétaire.

Or, si l'agrandissement du cercle a eu lieu, comme
nous l'avons fait remarquer, en avant du sens concave de l'arc primitif (Fig. 6); si le noyau a dû nécessairement se ressentir de cette forme (1) et naître

---

(1) Au-dessous de la nébuleuse des chiens de Williams Ross, existe
une nébuleuse indépendante qui, bien qu'à une période plus avancée
probablement, offre un exemple de l'accumulation circulaire, en avant
de la partie concave d'un arc.

Il est très-probable que les procédés employés par la nature pour
acquérir la forme circulaire, diffèrent dans les arcs, selon qu'ils sont
plus ou moins courbés, selon les proportions de leur corde, l'énergie de
la force éliminatrice qui les a expulsés de leur grande masse, selon
peut-être encore le nombre des appendices ou colonnes planétaires qui
se trouvent fixées sur le grand cercle principal.

La nature, là comme autre part, n'adopte peut-être pas de règle avec une obliquité considérable, la ligne qui traverse les axes des cercles planétaires n'ira pas traverser l'axe du cercle solaire, et l'on pressent que si la grande poussée de l'éther fait ressentir ses effets sur ce grand cercle, un mouvement sur lui-même devra en être la première et immédiate conséquence.

Une ligne de compression née de la réaction éthérée vient donc frapper le grand cercle principal, sans passer par son axe, et par conséquent solliciter en lui un mouvement de rotation.

Quelles peuvent être en ce moment de période fluide les conditions de cette rotation? On ne saurait exiger une rotation immédiate et complète de toutes les parties de la masse, ainsi qu'on pourrait le demander à un cercle de matière solide. Ce que la raison peut concevoir et demander encore ne saurait être ici que la flexion des rayons dont l'ensemble compose le cercle solaire qui nous occupe en cet instant.

En effet, n'oublions pas que la grande compression de l'éther, que nous connaissons, a eu pour but de disposer la matière de ces rayons solaires à supporter, par une première et naissante cohésion, cette flexion, appelée à devenir une circonvallation des rayons autour de leur centre. La courbure des rayons fluides, tout en préparant graduellement le mouvement de la rotation matérielle, a pour effet de se prêter également à la concentration. La courbure est en effet impossible à admettre sans une diminution dans la

absolue. La forme plus ou moins courbée de l'arc dépend de l'énergie de la force d'expulsion d'une part et de l'autre de la buttée qu'elle a rencontrée dans les champs de l'éther. On peut admettre qu'une colonne ou arc sans courbure sensible emploie un procédé de concentration plus lent, et en harmonie avec la faible réaction éthérée qu'elle a provoquée.

longueur de son rayon ; nous verrons plus tard l'utilité de ces rayons courbés.

Nous reviendrons plus tard également sur l'immobilité relative de l'axe naisssant et matérialisé, immobilité indispensable ici et dont nous nous servons pour
développer notre théorie, mais que nous ne présentons
jusqu'ici que sans droits et avec des preuves différées.

L'action de la colonne compressive, continuant
toujours son œuvre, la courbure des rayons s'accentue
de plus en plus ; de simple courbure, elle deviendra
spirale pour aller, en se rapprochant toujours du
centre, faire une stratification matérielle autour de
lui (Fig. 8).

Les stratifications ignées, subgranitiques que déposent ainsi les circonvolutions de matière cosmique
en tournoyant, sont d'autant plus brillantes que leurs
accumulations concentriques sont plus grandes et
probablement, pensons-nous, d'autant plus denses
que leur formation est plus ancienne et plus profonde. Nous disons plus denses, car, malgré notre
répugnance à heurter les idées reçues, nous croyons
que l'observation nous fera établir là-dessus quelque
probabilité. La raison, d'un autre côté, nous oblige
à croire à une densité d'autant plus grande que la
matière a été l'objet d'une compression plus énergique. Nous développerons nos raisons probantes au
moment opportun.

Notons cependant que dans la théorie présente, la
manière de procéder de la nature est à peu de chose
près la même pour les cercles planétaires comme
pour les cercles solaires. Dans les uns comme dans
les autres, nous croyons à une même manière d'étager
les couches fondamentales et superficielles de leur

sphère; or, dans l'estimation du poids du globe terrestre, l'expérience se trouve en désaccord avec le calcul. La première nous montre le globe formé de matières pesant au plus trois fois autant que l'eau, granits, porphyres, etc., etc.; le second demande pour les matières composant ce même globe un poids équivalant à six fois celui de l'eau. Nous nous rangeons avec ce dernier, non parce qu'il nous semble donner une raison lointaine à notre hypothèse et la consolider, mais parce que, dans le différend, il agit contre une expérience qui ne peut guère posséder en mains les pièces nécessaires à une défense sérieuse.

Mais revenons au cercle solaire que nous nous croyons autorisé, sauf justification à dessein différée, à composer à son centre de matières extrêmement denses, plus légères à mesure qu'elles approchent de la circonférence, et de manière à établir un centre de gravité puissant, résistant, comme il semble du reste convenir à une pièce aussi importante que l'axe même du monde.

Le rayon ployé du cercle solaire d'une nébuleuse, contrairement à ce que peuvent nous faire supposer les spectacles analogues, doit exécuter son mouvement la concavité en avant (Fig. 9). Nous ne devons pas perdre de vue, en effet, que le mouvement de rotation provient ici de l'extérieur et que l'enroulement des rayons, la convexité en avant (Fig. 10), attribuerait à cet embryon de noyau naissant une vertu motrice, une force initiale incompréhensible, qu'on ne saurait ni lui accorder ni exiger de lui. La force ne saurait provenir d'un noyau matériel encore à naître, le mécanisme dont nous parlons ayant pour but sa formation même. Au contraire, l'admission de la pression éthérée , avec tous les effets dont elle est susceptible , nous fait entrer d'accord avec l'expérience et parfaitement concevoir la marche du rayon, la concavité présentée en avant.

Faisons une expérience à la portée de toutes les intelligences : Prenons une roue garnie à sa circonférence de rayons flexibles placés dans le même plan (Fig. 11) ; faisons tourner rapidement cette roue, sans toucher aucunement aux rayons qui l'entourent ; nous verrons immédiatement ceux-ci , sous l'effet de cette impulsion qui représente ici la force centrifuge, se courber, se coucher même en arrière , présentant leur convexité en avant, leur concavité en arrière. C'est ici le cas d'un noyau possédant seul l'initiative du mouvement. Changeons les choses : faisons provenir la force rotatoire de l'extérieur et agissons directement sur les rayons. Les extrémités de ces rayons flexibles obéiront à la force qui les dirige , force qui tend à représenter la force centripète (1), et les rayons eux-mêmes tourneront naturellement la concavité en avant en entraînant dans leur mouvement la roue à laquelle ils sont fixés. C'est ici le cas d'une force extérieure agissant plus ou moins perpendiculairement sur les rayons d'un cercle , et en ce moment celui des rayons solaires infléchis par le grand moteur extérieur, l'éther refoulé.

---

(1) Il est à remarquer que, dans ce dernier cas de l'initiative du mouvement venant de l'extérieur, le rayon ployé qui tend à embrasser le noyau, cette circonférence centrale et naissante qui l'attache , tend également, sous l'effet persistant de la force qui le meut, à se diriger vers ce centre, à se joindre, à s'assimiler à lui. Dans le premier cas, la force centrifuge du noyau tend à rejeter dès son point d'attache même le rayon tout entier. Ce n'est que par le seul effet de la force d'inertie que le corps du rayon affecte la courbure dont nous parlons.

Lorsque, au milieu de la matière cosmique refoulée par cette réaction, se formèrent les nœuds de compression ou cercles, les rayons du cercle solaire en reçurent donc instantanément la première sollicitation à l'infléchissement, premier pas vers la rotation, et par leur intime liaison avec le noyau qu'ainsi ils formaient, firent le premier pas vers la concentration. Le mouvement naissait avec la matière; le rayon tendait, par sa consistance naissante, à supporter en conservant sa rectitude l'effort de la colonne compressive; mais c'était l'effet demandé par la nature. Son but avait déjà été de faire subir à la matière gazeuse du cercle un état préparatoire de cohésion. Si la masse à solidifier restait en effet en ce moment à l'état gazeux, on obtiendrait au plus, sous la pression oblique de la colonne, un simple glissement de couches concentriques, mais la force de cohésion acquise déjà à la masse permet aux atômes de chaque rayon de retenir leurs voisines intérieures dans une proportion donnée, et l'effet multiplié de cette cohésion naissante se trahit par une courbure. L'expérience et l'observation peuvent faire même comprendre que la courbure d'un rayon, sollicitée par une force analogue, est plus ou moins en raison de la fluidité de ce rayon, c'est-à-dire, d'autant plus susceptible d'être accusée, que sa matière en sera jusqu'à un certain point plus fragile, et d'autant moins, que sa matière se montrera rebelle par sa solidité. Nous croyons que l'énergie de la compression est proportionnée aux besoins des cercles qu'elle fait naître et calculée de façon à faire supporter aux rayons toutes les circonvolutions spiralées nécessaires.

La rapidité déployée à certains moments dans ces

grands phénomènes doit parfois être très grande. Des nébuleuses ont disparu du ciel presque subitement, sans laisser aucune trace des astres auxquels elles avaient donné l'existence, et sont échappées à jamais probablement à notre vue.

Nous ne savons si la loi du principe des aires invoquée pour l'explication d'autres théories, loi qui veut dans un solide animé d'un mouvement de rotation une vitesse d'autant plus grande que le diamètre en est plus petit, est appelée à remplir ici un rôle important. Si, en effet, la masse gazeuse du cercle diminue de volume, le noyau formé, représentant sa valeur exacte en matière, s'accroît en proportion de son atmosphère assimilée. C'est là une compensation qui peut avoir ses lois, mais que nous laissons à d'autres le soin de déterminer.

Dans le grand travail de l'enveloppement du noyau central par son atmosphère, il dut s'établir une grande lutte : d'une part, entre la pression extérieure, force centripète du moment qui, réduisant la matière par son procédé connu, cherchait à communiquer ainsi aveuglement au noyau une forme plus ou moins cylindrique ; et d'autre part, entre ce noyau plus ou moins solide qui, commençant à posséder une vie indépendante avec la force centrifuge propre à la matière pondérable, cherchait au contraire à conquérir la forme ellipsoïdale, c'est-à-dire, celle d'une sphère applatie à ses deux petits axes de rotation.

Nous croyons très-fermement, malgré les affirmations contraires, qu'entre cette lutte de ces deux forces extrêmes le résultat dut être neutre et produire la sphéricité parfaite. Pour le moment, nous en prenons pour témoignage la face du soleil avec son contour parfaitement sphérique. Il nous suffira d'ici quelque temps pour certifier la possibilité de la proposition. Nous reviendrons quand besoin en sera sur cette importante question, et pour nous disculper d'une hérésie cosmogonique, nous espérons ne nous présenter devant le lecteur, peut-être scandalisé, que muni de preuves sérieuses, croyons-nous, à notre appui.

Laissons pour l'instant s'envelopper ou plutôt envelopper dans son atmosphère le noyau qui, par sa solidification, sa densité graduelle, va bientôt acquérir les conditions nécessaires pour conserver, éternellement peut-on penser, l'impulsion donnée, et, sous les premières tendances centrifuges, modeler sa sphère suivant les lois propres à cette force dans ces conditions. Laissons-le gagner en solide ce qu'il perd en fluide, et, sous la puissance du mouvement propulseur de la colonne, étudions les effets naturels qui doivent encore découler de la même cause.

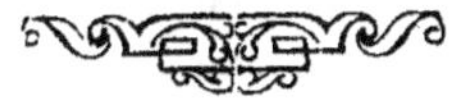

A mesure que se condense et se réduit la matière
fluide du grand cercle solaire sous l'enlacement, les
spirales de ses rayons diminués, ceux-ci sont obligés
d'abandonner insensiblement les parois de l'enveloppe cosmique dans laquelle ils sont engendrés.
Car, ne l'oublions pas et pour plus de clarté, répétons-le, nous sommes en présence de trois éléments
différents. Premièrement, de l'éther qui entoure cette
scène de formation et lui sert de première enveloppe;
deuxièmement, de la matière extérieure de l'arc, matière qui, échappant pour l'instant aux premiers efforts
de la compression, conserve plus ou moins encore
son état primitif gazeux. Troisièmement, enfin, de la
partie centrale de l'arc, partie ayant essuyé, supporté
à son centre tout l'effet de la compression éthérée,
et qui, dénaturée sous cette compression, acquiert
seule les propriétés de cohésion nécessaires pour pro-
créer les mondes. C'est cette partie privilégiée (Fig. 12)
qui nous intéresse seule; c'est celle dont nous allons
suivre les métamorphoses au milieu de ses deux enveloppes et que nous appelons ovaire. Les rayons du

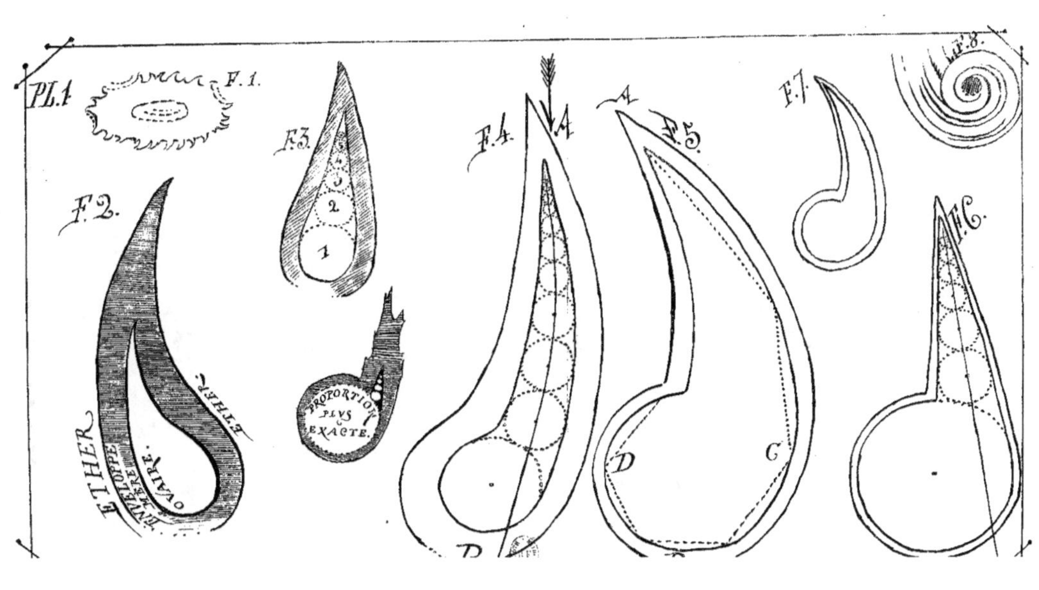
PL.1
F.1.
F.2.
F.3.
F.4.
F.5.
F.7.
F.8.
F.6.
ETHER
ENVELOPPE
MEMBRE
OVAIRE.
ÉTHER.
PROPORTION
PLVS
EXACTE.
A
A
A
D
D
D
G

cercle solaire abandonnant, avons-nous dit, les parois de cette deuxième enveloppe restée plus ou moins gazeuse, il en résulte naturellement et momentanément un espace libre que viendraient bientôt combler les parois latérales elles-mêmes, si, sous l'effet supérieur de la grande colonne de propulsion, le monde des cercles infiniment petits avoisinants ne s'y précipitait d'abord et les premiers avec force pour les remplir. Le rôle de ce passage ou couloir naissant est considérable, car c'est lui le chemin dans lequel vont se faire en quelque sorte les premières ébauches des orbites, les premiers pas de la gravitation. C'est le passage secret par où les mondes, abandonnant l'ovaire, se précipitent pour aller à la vie planétaire.

Les cercles d'ordre inférieur s'écoulent donc dans ce défilé, au fur et à mesure que son élargissement permet à leurs différents volumes de s'y engager. Il en est ainsi jusqu'à ce qu'un cercle d'ordre supérieur et notable puisse s'avancer à son tour dans le chemin préparé. Supposons que ce grand cercle dont nous parlons soit le cercle deux (Fig. 13), situé immédiatement au-dessus du cercle solaire et à la base de la colonne planétaire, ce cercle, entrant dans la voie que lui a ouverte la condensation, et poussé dans cette voie par toute la puissance de la propulsion, ira, attiré en même temps par l'attraction naissante du noyau solaire, suivre la voie circulaire qui se trouve tracée devant lui par le retrait de la circonférence de ce cercle solaire.

Telle est la conduite de tous les cercles jusqu'à épuisement complet de la colonne qu'ils composent, c'est-à-dire, jusqu'à l'écoulement du dernier.

Mais, nous l'avons déjà dit, dans tous ces cercles

qui obéissent à une impulsion reçue, les axes ne se rencontrent pas avec celui du cercle solaire. L'obliquité originelle de la colonne par rapport à ce grand cercle le demande ainsi. Si une même ligne droite pouvait traverser tous les centres planétaires et solaire, elle traverserait par conséquent également le point de contact du cercle qui repose sur la circonférence solaire, et assurerait par l'équilibre observé l'immobilité des éléments de la colonne; mais il n'en peut être ainsi, grâce à l'irrégularité calculée, voulue, de ce milieu dans lequel ces phénomènes s'accomplissent. Par la disposition des choses (Fig. 14), ce point de contact C se trouvera éloigné plus ou moins de cette ligne qu'on peut appeler ligne de pression, et le cercle planétaire P devra en ressentir, retenu par un côté et libre de l'autre, un manque d'équilibre qui ne sera autre chose que l'origine du mouvement rotatoire de la planète sur elle-même, mouvement qui aura ceci de remarquable qu'il s'exécutera identiquement dans le même sens que celui du cercle solaire qu'il touche. Les conditions mécaniques sont ici celles d'une petite roue tournant autour d'une roue plus grande, dont la circonférence lui sert de chemin. Ceci doit être, puisque sous l'effet de la colonne de propulsion, nous avons dans le cercle planétaire dont il s'agit, retard, obstacle au point du contact solaire et liberté de mouvement pour les rayons opposés à ce point de contact. Nous avons donc ici en présence la colonne planétaire impulsive, qui communique dans sa mesure le mouvement rotatoire à la masse solaire, et celle-ci qui, par sa force d'inertie, contribue à leur communiquer à son tour ce même mouvement de rotation.

Si plus tard nous avons le bonheur d'établir avec
précision la carte du monde planétaire, de démontrer avec raisons à l'appui leur situation d'origine,
peut-être sera-t-il possible alors de juger la rapidité
rotatoire des sphères planétaires par leurs positions
primitives vis-à-vis du grand cercle solaire. En attendant, contentons-nous d'affirmer que la position du
point tangentiel, et peut-être la durée de son prolongement sur la circonférence solaire, sont les deux
causes mécaniques du mouvement rotatoire des planètes autour du soleil. Essayons de citer, en passant,
pour exemple la grosse circonférence planétaire, base
de la colonne planétaire et qui porte sur le cercle
solaire (Fig. 15). Evidemment son énorme masse
rencontrant celle bien plus énorme encore du soleil,
à un moment où celui-ci est encore sans mouvement
et sans réduction bien appréciable encore dans son
diamètre, a dû jouir longtemps du contact solaire
avant de posséder sa vie indépendante. La plus grosse
planète de notre système semblerait devoir être celle
qui doit posséder le plus rapide mouvement rotatoire.
Les planètes suivantes, suivant toujours la ligne de
l'impulsion, du courant général, et rencontrant le
diamètre déjà considérablement réduit du Soleil, ont
dû jouir d'un contact relativement faible et qu'on
pourrait même supposer nul, si l'attraction déjà et de
plus en plus développée dans le rayon solaire avec sa
concentration ne devait être admise comme une puissante cause déviatrice, attirant les cercles planétaires
et sollicitant un contact, un frottement nécessaire à
leur formation. Dans tous les systèmes planétaires,
du reste, les conditions d'origine ont pu varier : une
inclinaison plus ou moins grande de l'axe de la co-

lonne planétaire sur l'axe solaire a pu amener des conséquences importantes dans le jeu des planètes. Tous ces systèmes, nous ne sommes assez osé pour affirmer le contraire, peuvent ne pas être identiquement semblables tout en conservant de grandes similitudes.

Tout semble indiquer pour les rayons du cercle planétaire un sens de courbure différent de ceux du cercle solaire. L'inertie rencontrée dans la masse solaire n'est, ne peut être que relative, puisque ses rayons obéissent au mouvement. Les deux mouvements de rotation pour le soleil et de circonvolution pour la planète étant simultanés et occasionnés l'un par l'autre, il en résulte (Fig. 16) une flexion du rayon planétaire contre la circonférence solaire tout-à-fait favorable à un sens identique de mouvement, mais contraire au sens de la flexion du rayon solaire.

Ne perdons pas de vue ici que quoique le sens de courbure devienne contraire à celui des rayons solaires, la concentration du cercle planétaire par le moyen de l'enveloppement ne doit pas moins s'effectuer. L'initiative du mouvement venant toujours de l'extérieur et non du noyau à former, nous sommes toujours, quoique avec une variation dans la manière d'opérer, en accord complet avec l'expérience de la roue rayonnée dont nous avons parlé précédemment.

La première planète en formation poussée dans le couloir circulaire, ne tarde pas à se voir des suivantes. Suivantes n'est pas le vrai mot, car l'itinéraire, par des raisons que nous allons essayer de développer brièvement, ne peut pas être ici le même pour toutes, mais seulement plus ou moins parallèle. Cette première planète a dû bénéficier le plus tôt de l'attraction solaire naissante et a dû également en ressentir le plus tôt les effets et se rapprocher davantage du soleil. En effet, son rapprochement par la voie graduelle de la spirale pouvait être déjà considérable, que celui de ses pareilles était encore trèsf-aible et que la dernière même pouvait n'être pas encore engagée dans ce passage qui conduit les cercles planétaires à la gravitation. L'infériorité de densité constatée dans les planètes supérieures pourrait, nous verrons surgir plusieurs raisons de le croire, ne provenir que du retard conséquent apporté par leurs positions primitives au travail de la concentration.

Nous venons de parler de la voie spiralée dans laquelle s'engagent les planètes en formation autour du Soleil. Deux causes puissantes contribuent à dessiner cette voie autour de l'astre principal. Les rayons solaires courbés, couchés sur le noyau qui s'assimile leur matière, ouvrent ainsi, avons-nous dit, une voie naturelle à l'astre planétaire qui, sous l'empire de la première des causes dont nous parlons, l'attraction toujours croissante, est appelé à s'approcher de plus en plus de l'astre dont la concentration ainsi que la sienne propre lui préparent, lui élargissent la route. La seconde de ces causes est la pression générale qui entoure le groupe de ces astres en formation, pression due à l'éther refoulé. La concentration, réduisant la matière cosmique des cercles, appelle ainsi les forces extérieures pour combler dans certaine proportion les vides. Les parois se resserrent donc autour des orbes planétaires quand la pression supérieure leur permet, et, rétrécissant de plus en plus leurs courbes, leur font suivre une route forcément spiralée, qui deviendra elliptique lorsque ces causes se trouveront ou atténuées ou annihilées à leur moment voulu.

Les routes suivies par les planètes, tout en restant parallèles à elles-mêmes, seront donc diverses comme leurs points de départ et rapprochées du Soleil en raison de l'ancienneté de leur tracé. Tout en resserrant plus tard autour du centre solaire leurs orbites définitifs, les planètes auront toujours conservé néanmoins dans leur parallélisme l'ordre de leurs départs successifs voulu par leurs positions natives. Le parallélisme légèrement elliptique de nos temps présents n'a été arrêté que lorsque les forces centripète et centrifuge ont pu se balancer. L'orbite d'un astre n'est autre chose que la limite où la force centripète cessa de commander à la force centrifuge.

Mais retournons à nos cercles en détail, à condenser et à lancer dans l'espace. La poussée éthérée, agissant toujours sur eux et en ce moment déjà un peu moins considérable par le fait de la diminution d'une assise de la colonne planétaire, ou si l'on veut d'un cercle parti, jette le second dans le couloir antéorbitaire avec tout le cortége de cercles inférieurs qui peuvent l'avoisiner. Ces cercles inférieurs, qui remplissent les intervalles des grands cercles principaux, sont l'accompagnement obligé de tout cercle planétaire à son entrée dans la vie de gravitation. Nous aurons à revenir en particulier sur les éléments astéroïdaux de ces cortéges. Contentons-nous, pour l'instant, de dire qu'il ne revient à chaque cercle planétaire que les seuls groupes de cercle d'ordre inférieur qui peuvent se trouver au-dessus de lui, c'est-à-dire, du côté opposé au cercle solaire.

Un troisième, un quatrième, un nombre tel que

l'on voudra de cercles planétaires subiront, chacun à leur tour, les effets d'une même cause impulsive, toujours de plus en plus amoindrie à mesure que la colonne qu'ils composaient provoque moins la réaction de l'éther recouvrant graduellement ses droits dans l'espace.

Telle est la marche des phénomènes subis par les cercles planétaires jusqu'à l'extinction de leur colonne. Le rapprochement de leur route du soleil, la vitesse même avec laquelle ils la parcourent, témoignent, accusent la différence dans l'essor, l'antériorité des points de départ.

Nous venons de produire le mot de vitesse à propos d'orbites planétaires. Une des conséquences les plus importantes de l'épuisement de la colonne, et par conséquent de l'affaiblissement de sa force propulsive, a dû être une diminution dans la vitesse des derniers cercles planétaires introduits sur le chemin de leurs orbites, vitesse moindre que ces cercles doivent trahir de nos jours dans les planètes qu'ils ont formé (1).

(1) Il ne faut pas perdre de vue ici, que la violence de la secousse de la réaction, ou force propulsive de l'étendue, n'a pu être instantanée, mais prolongée. Le travail de la concentration, par les frottements et la rotation, en atténuent à chaque fois considérablement les effets.

Le tableau comparatif des distances au soleil et de la durée des révolutions planétaires édifieront le lecteur sur ces différences pressenties.

NOMS DES PLANÈTES.	DISTANCES moyennes au soleil, celle de la terre comme unité.	DURÉE DES RÉVOLUTIONS SIDÉRALES.
Mercure. . .	0,387	87,969
Vénus . . .	0,723	224,701
La Terre . .	1.000	365,256
Mars . . .	1,524	686,980
Jupiter. . .	5,203	4322,585
Saturne . .	9,539	10759,250
Uranus . .	19,183	30686,821
Neptune . .	30,037	60126,720

Nous examinerons un peu plus loin l'étagement, l'ordre très-probable des cercles primitifs du système planéto-solaire auquel notre Terre appartient. Pour l'instant, contentons-nous d'observer les différences remarquables de proportions existant entre les durées des révolutions des planètes inférieures et celles des planètes supérieures ou grosses planètes.

En prenant la distance moyenne de la Terre comme unité, nous trouvons pour les planètes inférieures :

Mercure, la différence approximative est de   37 jours

Vénus , la différence approximative est de   45 jours

en moins.

Pour les planètes supérieures :

Mars, considérée comme planète supérieure par sa position, la différence approximative est de 140 jours

Jupiter, la différence approximative est de 6 ans

Saturne, id. de 20 ans

Uranus, id. de 63 ans

Neptune, id. de 134 ans

en plus.

C'est-à-dire, qu'en accordant à Neptune, par exemple, la faculté de parcourir à peu près cent dix millions de lieues comme la Terre en trois cent soixante-cinq jours ou une année, cette planète arriverait à faire son parcours de trois milliards de lieues en trente années, ce parcours n'étant que trente fois plus grand que celui de l'orbite terrestre. Or, la durée de la révolution sidérale de Neptune étant de cent soixante-quatre ans, il existe une différence de cent trente-quatre ans au préjudice de la vitesse de Neptune, comparée à celle de la Terre.

Avec l'introduction des derniers éléments de la colonne doit s'ébaucher la forme sphérique, et complétement libre de tout appendice, du soleil en formation. La nébuleuse, arrivée à ce degré, donne le spectacle que nous avons dû donner nous-mêmes dans nos temps anté-géologiques. De nos jours s'observent des points lumineux, globulaires, de matière diffuse, brillant sous leur enveloppe mystérieuse d'une lumière qui leur est propre, comme il convient à un milieu où s'engendre un soleil avec son cortége. Ce cortége doit renfermer des astres probablement d'autant plus avancés que leur position les rapproche davantage de l'astre principal ; mais combien de ces nébuleuses peuvent disparaître à nos yeux après la concentration parfaite !

C'est ainsi que, selon nous, doivent s'accomplir les phénomènes de la formation des astres. D'abord une masse nuageuse, vague comme celle de la nébuleuse de la Dorade, nous offre un exemple ou plutôt une idée et ne méritant pas, selon nous, le nom de nébuleuse. Nous n'y voyons, en effet, qu'une mer immense de matière gazeuse, une masse en partie encore inerte, inorganisée, de laquelle doivent sortir les nébuleuses proprement dites et dans laquelle nous voyons une première période que l'on pourrait appeler période chaotique. Cette masse offre à nos yeux un caractère d'incohérence frappant, et loin d'y trouver une tendance à la cohésion, on y lit au contraire la fuite de la matière de son propre centre. Il en résulte une affectation aux formes annulaires qui marquent bien en effet le rejet répulsif de la matière gazeuze sur les bords de son propre périmètre. La voie lactée à laquelle notre petit univers appartient n'a d'autre cause dans sa forme.

C'est dans les arcs nombreux, débris de ces formes annulaires ou couronnes, et épars en cette mer gazeuse, que se fait isolément, le plus souvent, le travail de la concentration matérielle. Ce n'est pas au simple hasard qu'est due l'adoption manifeste de cette figure arquée, une raison y préside et cette raison est celle qu'elle se prête parfaitement, ainsi que nous aurons à en juger, à la concentration dont elle va être à la fois le théâtre et l'instrument. C'est dans la base de ces arcs expulsés de la masse générale (arcs associés quelquefois, particularité sur laquelle nous reviendrons), que se révèlent les premiers points lumineux indiquant une concentration. Le passage de la matière vague, expansible, à cette forme nécessaire de l'arc au milieu de l'éther refoulé dont cet arc provoque la réaction, constitue la période arquée.

Ensuite, sous cet effet propulseur de l'éther refoulé, dans l'arc plus ou moins rejeté, isolé, appelé à devenir, à former un système indépendant, et pour cela peut-être éloigné à dessein des influences de la grande masse, nous voyons se former des nœuds de compression et en même temps un partage arbitraire en portions circulaires, partage susceptible d'acquérir jusqu'à des proportions de petitesse impossible à concevoir qui semblent ainsi faire se toucher les deux extrêmes de l'étendue : l'infiniment grand et l'infiniment petit (1).

Nous voyons là encore un partage bien compris, bien calculé dans ses disproportions et nécessaire pour préparer les phénomènes de la gravitation future. De cette même cause de partage des cercles découlent encore les phénomènes de l'enveloppement de la matière fluide, de la rotation et du premier mouvement de translation planétaire. Nous appelons ce passage : la période spiralée. Nous voyons encore

---

(1) L'air pressé dans les tuyaux sonores révèle des nœuds de compression d'un autre genre et bien connus en acoustique. Des expériences délicates y prouvent un partage instantané du fluide de l'air. L'analogie semble donc dans ces proportions et ces conditions appuyer encore ici notre proposition. Nous acceptons cet appui.

en plus, en tout ce travail, la volonté réfléchie d'un Créateur. Pour l'homme, le hasard ne prévaut que lorsque cette volonté n'est pas bien comprise.

Nous allons maintenant chercher si l'ensemble des faits astronomiques acquis de nos jours va concorder avec notre théorie, va la corroborer ou la détruire.

Nous avons exposé sous les yeux des lecteurs les
points principaux de notre théorie ; nous allons maintenant tenter d'en faire l'expérience, l'application sur
le système planéto-solaire, auquel appartient notre
propre planète, et voir si nos propositions s'accordent
avec les phénomènes qu'il nous présente.

Nous avons dit que la figure d'un lambeau de matière cosmique, rejeté de sa grande masse, était le
plus souvent dans la nature celle d'un arc de cercle.
Nous pensons, qu'on nous permette de le répéter,
que cette figure arquée est due en grande partie à
l'action répulsive de la grande masse et à la résistance opposée par l'éther à cette sorte de projection.
Plus, d'un côté, l'énergie de la propulsion est grande,
plus, de l'autre, la résistance est puissante, plus aussi
doit s'arc-bouter l'arc cosmique qui en supporte les
effets. La résistance développée dans l'éther se change
bientôt en force, en puissance réactive, et c'est sous
cette réaction extrêmement probable de l'éther que
doit s'opérer la concentration première et préparatoire qui dessine et dispose l'ovaire. C'est au milieu
de la matière gazeuse ainsi disposée que vont se

montrer tous les phénomènes subséquents de la véritable concentration (1).

En effet, cet arc refoulé à son tour et refluant en partie vers un point de sa masse, il s'en suivra qu'une très notable partie de l'arc devra diminuer dans sa longueur, tandis qu'une autre s'enflera, augmentera au contraire de toute la matière refoulée qui lui sera apportée. De là, pour cette dernière partie, le plus souvent adossée à la grande masse, une forme circulaire ainsi que le demandent les lois qui régissent les fluides. Cette panse, jusqu'à extinction de la colonne supérieure qui l'alimentait, va donc se former sous le double effet de la concentration qui tend à la diminuer, et de l'affluence de la matière gazeuse qui s'y précipite et qui tend à en augmenter la masse et le volume.

Constatons encore ce fait très important : c'est que le point d'attache de la colonne avec la panse circulaire qui l'absorbe ou va l'absorber, ne saurait s'établir que de cette façon fondue qui appartient aux fluides. Le dessin de la base de la colonne se fondra donc avec la circonférence solaire et partagera les exigences du diamètre de celle-ci (Fig. 17). Ces lignes de raccord adoucies, cette fusion obligée du diamètre de la base de la colonne avec la longueur de la corde de l'arc de la circonférence solaire sont à

(1) Ainsi qu'on en constate souvent l'analogie dans la nature, il est bon de faire observer encore une fois que toute la masse de l'arc ne contribue pas directement ou du moins immédiatement à la constitution des éléments du système. Une grande partie, comparable à certains égards aux eaux-mères de la cristallisation, reste en dehors des phénomènes de la corporification. C'est seulement à l'intérieur de cette partie moins resserrée qui lui sert d'enveloppe que s'établissent, se forment la panse solaire et la colonne planétaire dont nous parlons au lecteur.

la fois de la dernière simplicité à concevoir et de la dernière nécessité à admettre et constituent ainsi que nous allons le voir, un point très important à constater. Il n'est besoin de rien forcer pour cela et nous ne croyons proposer que ce que l'analogie offre de plus simple et de plus naturel.

Voilà, selon nous, comment les choses doivent se passer dans un système en formation dont l'axe de la colonne passe (chose extrêmement rare) directement par l'axe solaire; mais ici, la forme irrégulière arquée du milieu cosmique s'oppose à ce que cette fusion de lignes soit pareille d'un côté comme de l'autre de la base planétaire. L'axe de la colonne planétaire dévie plus ou moins de l'axe solaire (Fig. 18). C'est la règle à constater; c'est la conséquence même du milieu dans lequel cette colonne a été formée. Le lecteur peut se figurer aisément qu'un lambeau cosmique expulsé, aux côtés rectilignes, parallèlement établis, et qu'un autre, aux côtés concaves-convexes et non parallèles, n'agiront pas dans le cas qui nous occupe d'une façon identique. La différence dans le produit répondra à la différence des lignes et devra s'apprécier par une obliquité plus ou moins grande dans la marche des parties refoulées plus ou moins vers le centre commun.

Il nous faut donc changer, du moins d'un côté de la base de la colonne planétaire, ces lignes de raccord fondues dont nous avons parlé. Si nous inclinons le sommet de la colonne (Fig. 18), nous obtenons une déviation inévitable de l'axe planétaire sur l'axe solaire, mais nous faisons naître du côté concave un angle A qu'il nous faut absolument accepter pour rester vrais.

La nébuleuse d'importance moindre qui accompagne la nébuleuse des chiens de chasse de Willams Ross est, entr'autres, un exemple de ce que nous voulons faire comprendre. Le côté convexe de l'arc que laisse voir sa masse offre la ligne courbe, fondue avec le cercle d'absorption. Le côté concave, au contraire, forme un angle avec la circonférence solaire à son point d'attache. Nous savons que l'arc ici, dans cette figure, n'est pas, à proprement parler, la colonne planétaire, l'ovaire ; elle ne représente que la matière-mère dans laquelle cette colonne a pris naissance et se développe ; mais cette colonne n'est, ne peut être que l'expression cachée, intérieure de son enveloppe visible. La grande spirale elle-même des chiens de chasse offre également un restant de queue arquée (1), dont le sens de courbure accuse manifestement un angle dans un côté concave (Fig. 7 et 8). Voilà établie, d'après ce que la raison semble nous imposer, et la nature nous indiquer par des traces, des vestiges nombreux et précieux à recueillir, la forme dans laquelle doit s'opérer le mystérieux travail de la concentration avec ses phénomènes concomittants.

Cette configuration et sa division ou inscription des cercles dont nous avons déjà entretenu le lecteur sont, pensons-nous, encore communes à tous les systèmes de l'univers ; nous entendons du moins les systèmes simples, ne comportant qu'un seul soleil. Des arcs cosmiques adossés les uns aux autres,

(1) Nous n'appuyons pas sur le sens des courbures des rayons de la matière-mère, la nébuleuse étant arrivée à certain état de perfection. Un revirement peut s'opérer dans la nature, dans ce travail, dans cette enveloppe composée d'une manière particulière qui peut ne pas suivre dans la rotation la même conduite que la matière spécialement préparée de l'ovaire.

soudés, liés par leurs bases, peuvent donner lieu, croyons-nous, à des systèmes complexes susceptibles peut-être de faire varier la loi de la division, mais capables à coup sûr de faire changer le mode de gravitation par l'effet de l'association de leurs cercles solaires.

L'unité des moyens naturels dans les systèmes simples nous semble évidente et conforme à ce que nous voyons se révéler dans les œuvres de la nature. Nous allons faire, hasarder l'expérience du placement, de cette inscription arbitraire des cercles dans le milieu voulu par la nature, et sonder, vérifier si cette inscription va s'accorder avec la constitution du système planéto-solaire que nous habitons. Si l'un et l'autre s'accordent, entrent en harmonie, si la nature et notre expérience présente veulent bien s'y donner la main, nous avons dès lors de graves présomptions pour croire la forme de la colonne planétaire, l'inscription des cercles, etc., identiques au moins dans les systèmes simples gravitant dans l'univers, et pour maintenir le titre de cet ouvrage : l'Unité des Mondes.

Un dernier mot encore avant cette expérience qui doit servir comme de pierre de touche à toutes les propositions avancées jusqu'ici par nous. Pour terminer à sa partie supérieure la colonne planétaire, nous ne pouvons y apporter les éléments planétaires que nous ne connaissons pas. La dernière planète connue, Neptune, est-elle la dernière à connaître ? L'ensemble de la colonne planétaire semble devoir être formé au sommet par un angle, et former un cône dont la base serait attachée au cercle solaire, c'est-à-dire, diminuant de la base au sommet. Si une dérogation semble à certain point se produire , nous en tiendrons compte quand l'instant s'en présentera.

En attendant, procédons au placement des cercles dans la configuration désignée par la nature (Fig. 19). Commençons par chercher, ainsi que cette même nature semble l'ordonner, la plus grande place possible. Cette place sera certainement celle occupée par le cercle S qui sera appelé à constituer ici le centre de gravitation par son importance. Continuons l'application de ce même principe arbitraire : nous obtenons de la sorte à la base de la colonne planétaire un second grand cercle encore important que nous marquons de la lettre J.

Voilà établis les deux cercles les plus importants de notre périmètre à remplir. Nous remarquons à côté du grand cercle principal S et au-dessous du cercle J, une sorte d'espace triangulaire à occuper ; procédant en lui toujours de la même manière, nous y inscrirons d'abord le cercle T (Fig. 20) qui devient le cercle principal de cet espace triangulaire et en formera certainement la planète la plus importante. Une place est désignée au-dessous par le cercle V ; une autre place encore importante après elle existe auprès du cercle T, nous la désignons par MA. Une autre encore se voit au-dessous du cercle V, nous la marquons des lettres ME. Il existe encore une dernière place où peut s'inscrire un cercle , notable encore, L, qui clôt la série des astres marquants, conçus dans cet espace triangulaire situé entre le cercle principal S, le grand cercle J et une ligne de délimitation X qui sépare tous ces cercles, T, V, MA, ME et L des milieux gazeux et éthérés dans lesquels ils se conçoivent.

Des vides triangulaires, susceptibles d'être occupés d'une manière infinie, se trouvent encore entre tous ces cercles principaux : nous les laissons pour l'instant, afin de nous occuper des grands cercles qui nous restent encore à établir au-dessus du grand cercle J.

Nous y trouvons, immédiatement au-dessus, place pour un grand cercle que nous marquons de la lettre S. L'espace situé au-dessus se remplit également par un grand cercle désigné par la lettre U. Nous y trouvons enfin un dernier cercle que nous désignons par la lettre N. Remplissons, si nous voulons, les espaces intermédiaires de cercles inférieurs plus ou moins multipliés, et examinons le résultat que notre mode d'inscription, de division arbitraire aura produit dans cette forme que, par l'affectation de la nature à la présenter, le raisonnement nous a conduit à juger nécessaire.

Une chose doit nous frapper tout d'abord ; c'est une division préalable des cercles, appelés à devenir des planètes, en deux groupes distincts, différents, et par leur importance et par leurs conditions d'emplacement.

D'abord un groupe inférieur comme importance, placé auprès du cercle solaire, et qu'on pourrait appeler pour l'instant latéral, et ensuite un autre groupe supérieur par importance et ne touchant à la circonférence solaire que par la seule base J (Fig. 20).

Nous nous trouvons entrer jusqu'ici en accord complet avec la nature qui nous montre deux groupes planétaires distincts, l'un dit groupe supérieur, l'autre dit groupe inférieur. Ces deux groupes méritent, en effet, ces deux qualifications, non-seulement par les masses qu'ils nous offrent, mais encore par la position qu'ils occupent dans le mécanisme planétaire.

Ces deux groupements préalablement constatés, nous allons poursuivre nos recherches, demander les noms de tous ces cercles inscrits, comparer leur importance, leurs positions, même celles de leurs cercles intervallaires avec les masses, les distances des planètes au Soleil, avec les éléments accessoires qui peuvent accompagner ces dernières. Nous allons interroger cette carte, encore à peu près muette, et voir ce que les faits naturels nous répondront pour elle.

Nous occupant d'abord du groupe latéral ou inférieur situé sous le cercle J, nous sommes d'abord obligés de voir dans le cercle T, cercle principal de la division inférieure, la planète la TERRE, planète principale du groupe inférieur. La raison de la masse s'impose ainsi seule jusqu'ici dans la comparaison ; celle de la distance ne tardera pas à se produire.

Le cercle T, ainsi interprété et compris jusqu'à preuves à l'appui tirées des comparaisons subséquentes, nous sommes conduits à trouver dans le cercle suivant V la planète Vénus, qui vient par sa masse et cette fois par sa position plus rapprochée du Soleil s'accorder avec ce que nous connaissons de son histoire. Si nous poursuivons nos recherches, en suivant la même ligne descendante, nous trouvons un cercle qui semble venir terminer de ce côté la série des planètes du groupe inférieur. Tout s'accorde par le volume et la position à en faire le cercle qui engendra la planète Mercure, à la fois la plus petite et la plus rapprochée du Soleil.

Nous avons descendu l'échelle des planètes inférieures ; les cercles qui s'y peuvent loger encore, en
descendant la direction prise jusqu'ici, sont supposés
en ce moment de volumes trop faibles pour être cités
et jouer un rôle marquant dans la nature, et tout s'accorde bien jusqu'ici ; mais il nous manque le premier
élément de ce groupe, la planète Mars, inférieure
à la Terre comme volume, mais supérieure à elle
comme position.

Deux places s'offrent à la fois qui se disputent le
lieu de sa création : celles désignées par L et par MA.
— L'importance toujours croissante des planètes inférieures de Mercure à la Terre cesse à cette dernière.
Ici le diamètre doit décroître en effet, mais lequel des
deux espaces désignés, L et MA, doit être affecté à ce
placement ? Tous les deux s'accordent avec la diminution de volume demandée et peut-être avec la position que semble réclamer la planète Mars.

L'indécision va cesser si nous acceptons la proposition d'une loi énoncée plus bas, loi qui semblera
ne se démentir jamais.

Il se trouve encore une dernière place notable à
remplir, désignée par le cercle L ; mais il nous reste
aussi un élément important du système planétaire
inférieur à placer : le satellite de la Terre qui doit
se trouver dans son voisinage immédiat sur la carte
planétaire et l'accompagner sous son influence immédiate, la Lune (1). Le volume et la position connues de
notre satellite réclament ce dernier espace, qu'un
examen attentif doit lui concéder.

<hr>

(1) Observons ici que l'allongement très-probable du globe lunaire
vers la Terre doit amplifier considérablement sa masse apparente.

Une considération qui nous fait adopter cet espace pour la Lune, préférablement à celui que nous avons accordé à Mars, est encore celle-ci dont on peut faire provisoirement, si l'on veut, une loi, en attendant examen qui la consacre, que : *Il n'y a de soumis, sans intermédiaire, à l'influence de la masse solaire que les cercles qui, par leur position primitive ou par des circonstances ultérieures, ont pu jouir de son contact immédiat lors de la grande impulsion de la matière cosmique.* Nous pensons pouvoir appuyer par la suite la proposition de cette loi.

C'est donc par cette considération surtout que nous plaçons de préférence la planète Mars dans le cercle MA ; Mars devant entrer avec le Soleil dans des rapports immédiats auquel doit échapper le cercle du satellite de la Terre.

La place affectée à la Lune offre donc ici l'avantage précieux de savoir se soustraire à l'action directe du Soleil, pour se soumettre dans certaines proportions à celle de la Terre, autour de laquelle elle est appelée à exécuter son évolution plus ou moins compliquée.

Un obstacle insurmontable semble s'opposer à la révolution du satellite autour de la Terre. Le contact immédiat de celle-ci avec la circonférence solaire ne permet, en effet, au premier aperçu, de concevoir aucun passage pour le satellite entre ces deux cercles : ce serait là un empêchement sérieux à la gravitation de la Lune autour de la Terre.

Mais la nature emploie ici pour son satellite une marche particulière qui lui permet de vaincre la difficulté, et quoique ce ne soit peut-être ici l'endroit opportun, nous allons hasarder un rapprochement entre la marche du satellite et sa position sur la carte planéto-solaire.

La Lune, par des raisons d'attraction particulière de voisinage, et pour rester fidèle à la planète sur laquelle elle conçut son premier sentiment de mouvement et fait son premier pas dans la vie arbitaire, la Lune, arrivée à la moitié de sa révolution autour du globe terrestre et rencontrant l'immense obstacle du cercle solaire sur lequel elle pouvait se détruire, fuit alors au loin devant ce périlleux contact. Peut-être rencontra-t-elle dans le sens du mouvement des rayons solaires une seconde force centrifuge qui ne fut pas étrangère à ce rejet. Elle laissa passer la Terre entre elle et le Soleil de façon à arriver, à un moment donné appelé opposition, à faire joindre par une même ligne son arc propre, celui de la Terre, celui du Soleil (Fig. 21). Ce n'est que plus tard, lorsque la concentration eut prolongé son œuvre et qu'un passage fut établi entre les deux circonférences réduites, que le satellite, pouvant se hasarder sans péril, effectua sa première conjonction, c'est-à-dire, qu'il put réunir sur la même ligne et dans l'ordre suivant : l'axe solaire, l'axe lunaire et l'axe terrestre (Fig. 22).

Ainsi s'est tournée à l'origine la difficulté, c'est-à-dire, par une marche sinueuse, sorte d'épicycloïde encore observée de nos jours et qui caractérise le satellite dans sa vie de gravitation. De cette façon, le cercle ne touche pas à la circonférence solaire, et l'astre échappe par conséquent plus tard à sa dépendance directe. La conduite, la marche particulière de l'astre qui demande à l'origine un emplacement, une sorte de superposition particulière, et cet emplacement primitif lui-même qui réclamait pour son astre une marche toute spéciale, se trouvent se satisfaire ainsi réciproquement.

Nous laissons de côté pour l'instant les espaces triangulaires, qui touchent aux circonférences de nos cercles inférieurs. Si la nature a produit et nous montre d'autres éléments à placer, nous reviendrons plus tard sonder ces espaces dont un seul ne doit rester sans explication, sans raison d'être.

Nous allons continuer à ébaucher les masses principales de notre système planétaire et essayer leur juxtaposition, leur appellation dans les espaces laissés sur la carte.

Nous voici devant le périmètre dans lequel nous devons trouver les places natives des planètes supérieures. Pour déterminer la forme générale de ce périmètre, nous n'avons ici que ce que nous indiquent les diamètres des planètes qu'il nous est donné de connaître. Ces diamètres comparés nous donnent, avons-nous déjà dit, la forme générale d'un cône, forme se prêtant bien à fermer une colonne de ce genre : Jupiter, la base de cette figure conique, et une autre planète supérieure, le sommet.

Si, en un mot, au lieu de procéder par l'analyse de la colonne supérieure, comme nous avons fait pour la colonne du groupe latéral ou inférieur, où tous les cercles, sondés et interrogés à part, nous ont montré la place de toutes les pièces importantes du mécanisme planétaire, nous procédons au contraire par une sorte de synthèse pour la reconstitution de cette colonne supérieure que nous savons devoir exister, mais dont nous ne connaissons précisément la forme générale, nous obtiendrons de la sorte à

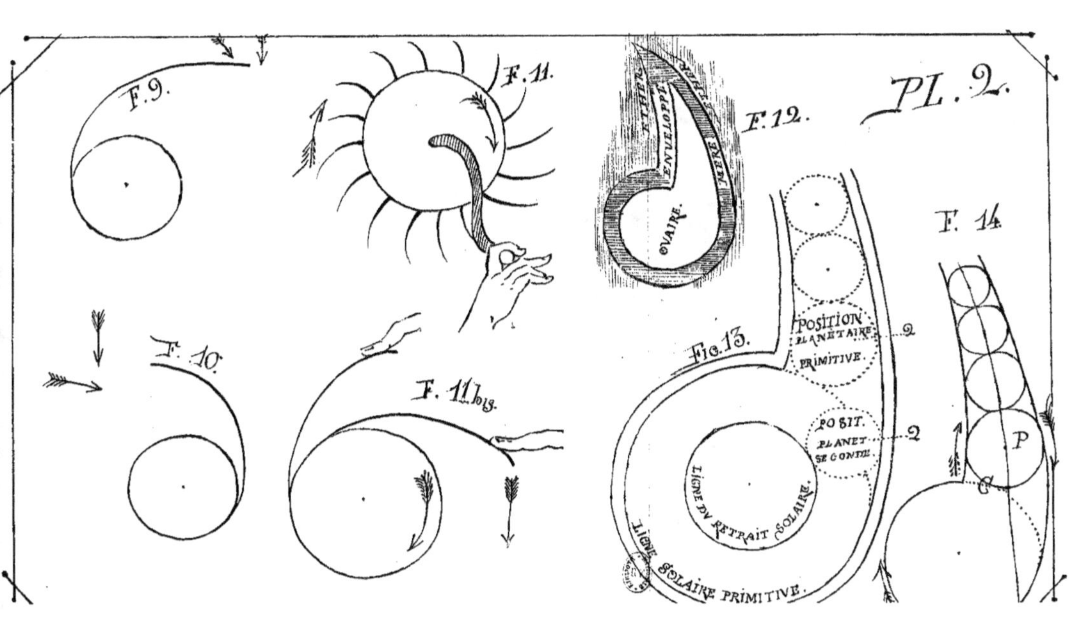

F. 9.
F. 11.
F. 12.
PL. 2.
F. 14.
F. 10.
F. 11 bis.
Fig. 13.
MÈRE ENVELOPPE
OVAIRE.
POSITION PLANÉTAIRE PRIMITIVE.
POSIT. PLANET SE CONTR.
LIGNE DU RETRAIT SOLAIRE.
LIGNE SOLAIRE PRIMITIVE.
P

peu près cette forme conique qui s'impose. Mais, laissant de côté pour l'instant la synthèse et ne nous occupant que de ce que peut nous commander le spectacle de la nature dans les nébuleuses, nous sommes encore forcés d'accepter cette figure pour le dessin des contours de la grande colonne.

En effet, l'arc de matière cosmique que nous connaissons est terminé à peu près lui-même de cette façon décroissante ; tous les arcs nébuleux en général, qu'il nous a été donné de connaître, n'ont d'autre terminaison dans leur partie qui répond à la colonne supérieure ; or la partie inférieure, active, celle que nous nommons ovaire et dans laquelle se condensent les cercles, étant, ne pouvant être, dirons-nous, qu'une réduction de l'enveloppe mère, la figure conique doit être plus ou moins rigoureusement acceptée comme étant celle de la colonne supérieure d'un système planétaire.

Nous l'acceptons donc comme forme approchante, et, nous l'avons dit, tous les éléments qui vont la remplir, lui donneront raison d'être et l'accepteront pour leur berceau.

Le plus grand cercle que peut renfermer la colonne est situé naturellement à la base et y est désigné par la lettre J. Toujours le plus près possible de cette base, nous avons placé encore un cercle marqué par S. Procédant toujours de la même manière, nous avons inscrit le cercle U, et enfin le cercle N, qui forme ainsi le sommet de la figure conique et clôt la série des cercles planétaires supérieurs.

Jupiter, la masse la plus importante de ce groupe supérieur et en même temps la plus rapprochée du Soleil, s'offre de suite pour s'approprier le grand cercle J. Nous sommes donc obligé de lui concéder cette place par la double raison du volume et de la distance.

La planète qui réclame le second cercle S est encore celle qui, par les avantages du volume et du rapprochement au Soleil, se trouve avoir le plus de droits. Nous ne voyons que Saturne pour occuper cette place, que nous lui affectons.

Une troisième place s'offre au-dessus du cercle saturnien, et la planète la plus importante après les deux dernières placées est la planète Neptune ; mais ici un désaccord complet nous arrête et vient s'établir entre les volumes et les distances. Neptune, la planète supérieure la plus importante des deux dernières qui nous restent à placer, est en même temps la plus éloignée dans le système planétaire. Elle semble venir injustement ici prendre une place que réclame de son côté Uranus, la troisième planète dans l'ordre des distances au Soleil.

Il nous faut ici pourtant, comme partout, obéir à la nature. Que nous faut-il contrarier, le volume ou la distance ? Nous faut-il abandonner l'ordre de diminution graduelle, particulière au cône que nous avons adopté, et intervertir l'ordre de superposition des volumes ? La forme conique de la colonne supérieure va donc devoir être modifiée et nous présenter, à partir du cercle saturnien probablement, la figure de deux cônes se touchant par leurs sommets (Fig. 23). Nous verrons avant peu se dresser une confirmation saisissante de cette dernière proposition, et nous verrons même cette disposition, que nous supposons encore gratuitement ici être celle de la nature, nous fournir la réclamation très-fondée d'un phénomène particulier que les faits naturels nous accorderont.

Puisque tout tend à nous faire supposer dans la colonne planétaire supérieure la forme de deux cônes, réunis par leurs sommets, conformons-nous à cette indication. Ce que nous avons compris du système planétaire inférieur, nous a démontré déjà quelque peu que l'on pouvait au besoin se servir des éléments planétaires disséminés, connus, pour reconstituer un ensemble inconnu. Nous justifierons, du reste, cette transposition des volumes de la colonne planétaire dans quelques pages plus éloignées que nous sommes impatient de produire.

Obéissons donc à la nature et, changeant ici notre ordre de placement dans cette colonne supérieure qui veut se diviser elle-même en deux groupes, plaçons à la base renversée du cône supérieur, c'est-à-dire, dans le plus large espace qu'il nous soit donné de remplir encore et en dessus, le cercle N qui sera le cercle de la planète Neptune : ainsi, les distances se trouveront observées. Ce sont elles avant tout qui, dans un moment difficile, doivent être prises en considération, car avant tout aussi nous tenons pour certain, disons pour sacré, que les masses planétaires ont toujours conservé vis-à-vis d'elles le même ordre d'espacement qu'elles avaient, lorsque l'Intelligence qui présidait à ce travail conçut les divisions des colonnes dans lesquelles elles prenaient naissance.

Il nous reste encore un dernier et plus petit espace à occuper dans le sommet du cône renversé : nous l'occupons par le cercle U qui devient la planète Uranus, laquelle trouve dans cet espace l'ordre de distance et le diamètre qu'il lui appartient de réclamer.

Ainsi se trouve ébauché le système planétaire supérieur, d'après les données qu'il nous fournit lui-même, d'après ce que nous pouvons en connaître ; car nous ne sommes assez osé pour le fermer par le cercle neptunien. Nous ignorons si le génie d'un homme ne pressentira pas encore dans les cieux une planète supérieure, échappée aux regards par l'éloignement. Quoi qu'il en soit, nous ne pouvons en ce moment clore la colonne planétaire supérieure que par la planète Neptune, et, du reste, le prolongement problématique de cette colonne ne saurait empêcher le placement de nos planètes connues. Les chapitres suivants nous réservent des raisons de le penser.

Espaces interplanétaires inférieurs. — Côtés médiat
et immédiat.

Nous venons de placer les principaux éléments d'un système planétaire simple, mais l'examen rétrospectif du milieu dans lequel ils ont trouvé naissance, fait voir entre leurs cercles inscrits de très-notables intervalles, qui demandent aussi l'appréciation et qui ne peuvent rester sans objet, sans raison d'être.

Nous allons donc nous occuper d'abord des intervalles des planètes inférieures, et leur considération individuelle nous amènera peut-être à les rattacher par leurs positions, leurs distances relatives, à certains phénomènes qu'il nous reste encore à expliquer.

Nous croyons devoir diviser les espaces interplanétaires inférieurs en deux séries : d'abord, les intervalles solaires qui touchent le cercle solaire et devront, en vertu de la loi déjà émise (1), entrer dans la dépendance du Soleil, et ensuite les intervalles planétaires proprement dits, qui échapperont à cette dépendance directe par l'interposition de leurs planètes.

(1) Il n'y a dans la dépendance directe du Soleil, dans le système planétaire inférieur, que ce qui a été conçu dans les espaces qui le touchaient à l'origine.

4*

A la première catégorie appartient assurément l'espace désigné par 1 (Fig. 23 *bis*) sur la carte planétaire (2). C'est là un espace qui, plus que tout autre peut être, a droit par son origine à être dévolu au service direct et intime du Soleil. Tout indique, en effet, et demande chez lui cette affectation, très-propre à faire supposer autour du Soleil une masse de corps célestes, plus ou moins petits, gravitant naturellement dans le sens de son équateur.

L'expérience vient changer cette supposition en probabilité et la consolider. En effet, un grand cône lumineux parallèle à l'équateur solaire se dessine à notre vue dans certains jours d'équinoxe. Ce cône appartient à un cercle plus ou moins elliptique, dont l'excentricité va jusqu'à dépasser le rayon de l'orbite terrestre. Cette excentricité même nous porte à attribuer encore au service direct du Soleil les espaces désignés par les chiffres 3, 5, 7. Une masse aussi considérable d'astéroïdes réfléchissant la lumière solaire, a dû provenir d'une source également considérable, et la série tout entière des impairs sus-indiqués semble demander le privilége d'en avoir fourni la matière. Plusieurs cercles concentriques de différentes natures, répondant aux divers intervalles solaires, à leurs divers lieux d'extraction, composent probablement la grande ceinture d'astéroïdes dont nous parlons et que la science constate sous le nom de lumière zodiacale.

Telle est l'attribution que l'on peut accorder aux espaces 1, 3, 5 et 7 d'occasionner, de produire cette

(2) Il se peut qu'une ou plusieurs petites planètes inférieures à Mercure, circulent autour du Soleil, noyées dans ses rayons. Le voisinage du Soleil nuit à l'observation de Mercure elle-même.

apparence lumineuse. Nous reviendrons en dernier lieu sur leur sujet à propos de certains phénomènes, avec lesquels nous nous croyons en droit de leur supposer parenté, et au retour de notre excursion autour de l'univers planétaire, excursion dans laquelle nous prions le lecteur de ne pas nous abandonner.

L'intervalle impair 9, particulier par les deux arcs si considérables des grands cercles solaire et jovien, entre lesquels il se trouve compris, doit nous donner un résultat également particulier. Cet espace, par le vaste prolongement de son angle, donne une superficie capable de balancer celle de la planète Mars, et doit, pensons-nous, acquérir en nature une action directe auprès du Soleil, qui lui permettra de se ranger parmi les corps planétaires, en affectant de mêler son orbite avec les leurs. Cette indépendance que nous supposons, il nous faut la trouver dans les faits astronomiques, sous peine de nous voir en défaut, défaut fatal à la théorie présente.

Mais nous retrouvons les traces de ces créations célestes parfaitement situées dans la place voulue, dans la nature, au-dessus de la planète Mars et au-dessous de la planète supérieure Jupiter, et donnant par leur volume réduit, comme par leur nombre, satisfaction aux recherches qui nous étaient imposées. Des planétoïdes, au nombre jusqu'ici connu de quatre-vingt-seize, circulent indépendantes autour du Soleil, entre Mars et Jupiter, dans un orbite qui leur est propre. Nous recevons donc cette nouvelle série de petits corps planétaires, qui viennent corroborer ainsi notre théorie, par leur nombre qui semble éloquemment attester le prolongement des lignes où ils ont pris naissance, et par leurs dimensions et leurs distances (1). Nous allons passer aux intervalles pairs de la même colonne planétaire inférieure.

L'intervalle désigné par le chiffre 2, nous donne ici l'occasion de placer le principe : *Qu'un cercle planétaire, quel que soit son ordre inférieur ou supérieur, sert toujours de base aux éléments accessoires qui doivent l'accompagner dans sa translation, sous la forme satellitaire ou sous toute autre forme.* Ce principe semble ne se démentir jamais. Nous aurons occasion d'en donner plus d'une raison, plus d'un fait probant. Le cercle de Mercure doit donc servir de base à des éléments d'accompagnement que lui fournit l'intervalle 2. Il est vrai que ces éléments ne se sont pas encore manifestés à notre vue, probablement à cause de leur petitesse; mais si l'on veut réfléchir aux obstacles que par leur position offrent à la spéculation les planètes inférieures elles-mêmes, surtout Mercure, l'on comprendra combien à plus forte raison sont susceptibles de noüs échapper les corpuscules accessoires de leur cortège. Il se peut, avons-nous même déjà dit, qu'une ou plusieurs petites planètes inférieures à Mercure circulent, en observant des plans divers, autour du Soleil, perdues pour nous, noyées dans ses rayons.

Si nous observons plus près de nous, dans les limites de notre univers terrestre, nous ne tardons pas à constater des faits météorologiques qui, si nous

(1) Les planétoïdes semblent venir confirmer ici la proposition de la division des masses cosmiques par le procédé arbitraire. En effet, l'ensemble de la masse 9, rassemblée autour d'un centre, fournirait un diamètre équivalent à celui de Mercure ou peut-être même à celui de Mars; la nature, par le procédé suscité, ne pouvait composer qu'un monde de planétoïdes et d'infiniment petits.

les étendons, ainsi que l'analogie et la raison nous y autorisent, à la zône plus éloignée qui nous occupe, vont consolider singulièrement nos présomptions.

En effet, la fréquence de ces étoiles filantes, s'embrasant dans certaines hauteurs de notre atmosphère, dans les mois d'août et de novembre, correspondant l'un à l'étoile Gamma de la constellation du Lion, l'autre à l'étoile Algal dans Persée, a fait présumer par la science, autour et plus ou moins parallèlement à notre orbite terrestre, une ceinture de corps astéroïdaux s'enflammant à certaine distance de notre globe, distance pouvant varier de cent kilomètres et plus. Cette explication, donnée par l'astronomie sur ces corps lumineux, se montrant ainsi à des époques périodiques, nous paraît très-plausible.

Si donc, il paraît avéré que l'orbite de notre globe se trouve entouré d'une véritable ceinture d'astéroïdes, qui ne se révèlent à nous-mêmes, habitants terrestres, que dans des conditions de rapprochement particulières, nous devons certainement, jusqu'à preuve du contraire, supposer le même phénomène au moins possible sur la route des autres planètes inférieures, phénomène que l'éloignement doit alors rendre moins visible encore à nos yeux.

Nous n'avons donc aucune raison de refuser la ceinture astéroïdale ni aux différents orbites que le nôtre entoure, ni à ceux dont il est entouré. Loin de là, nous avons tout lieu de supposer que semblable phénomène n'est pas le privilége particulier de notre globe. Nous ne voyons donc d'autre raison contraire que celle peu valable : que nous sommes plus à proximité de voir celle de l'orbite terrestre et trop éloignés pour juger celle des autres. Ainsi que nous puiserons au moment voulu sur les intervalles du cercle terrestre pour lui fournir les matériaux accessoires qui lui seront nécessaires, nous puisons en ce moment sur l'intervalle 2 , auquel Mercure sert de base, pour fournir à cette planète la matière de sa ceinture circumorbitaire.

Nous faisons encore profiter du même droit, et par la même raison, la planète Vénus. Nous donnons au profit de sa ceinture orbitaire tous les matériaux d'accompagnement que l'intervalle 4 peut lui procurer.

Nous arrivons au globe terrestre et aux intervalles triangulaires qui l'entourent. Les conditions encore particulières de ces intervalles vont demander un résultat également encore particulier, qui appelle notre attention.

La défense des droits de toutes les planètes inférieures à la possession d'une ceinture astéroïdale est basée, avons-nous fait comprendre, d'abord sur un principe qui paraît immuable : qu'un cercle planétaire sert toujours de base aux éléments accessoires qui l'accompagneront; ensuite sur l'expérience que nous pouvons en faire sur l'astre qu'il nous est donné le plus d'approcher, la Terre, qui nous emporte dans son orbite au travers des phalanges mystérieuses et plus ou moins périodiques des étoiles filantes et des bolides de grosseurs variées. Si nous ne pouvons refuser à notre globe ses droits manifestes à la possession de cette ceinture, l'analogie doit nous porter à accorder, à étendre aux autres planètes inférieures, quoique moins à la portée de notre vue, les mêmes droits naturels, droits qui, si cette théorie présente est reconnue, partent d'une même cause analogue, identique. Les étoiles filantes se montrent parfois par milliers dans les nuits d'août et de novembre. D'autres astéroïdes beaucoup plus gros, susceptibles d'atteindre un diamètre de deux kilomètres, morceaux, cercles principaux de l'intervalle qui fournit la ceinture terrestre, se montrent encore tout à coup à des époques indéterminées. Ces différentes apparitions météorologiques ont été depuis quelque temps l'objet des études sérieuses qu'elles méritent.

C'est dans les espaces 6 et 10 que nous croyons pouvoir puiser la matière plus ou moins divisée qui a composé la ceinture de l'orbite terrestre.

L'application des deux principes déjà émis, premièrement, qu'il n'entre dans le service immédiat du Soleil que les cercles en contact avec lui par leur position primitive; secondement, qu'un cercle planétaire sert toujours de base à ses éléments d'accompagnement, semblent se réunir, s'accorder ici pour faire considérer comme intervalle médiat le cercle L lui-même. Par le premier principe, le Soleil doit le refuser; par le second, la Terre doit s'en emparer. C'est à cet accord que nous devons notre satellite, la Lune, qui n'est autre chose qu'un énorme bolide attaché, fixé par sa masse au voisinage terrestre. Le sacrifice du cercle L lui-même au service de la Terre, sa distraction étaient nécessaires pour la confirmation des deux principes sus-mentionnés que nous verrons toujours et de plus en plus consacrés par l'expérience naturelle.

L'intervalle 10, appartenant au cercle lunaire et ayant pu lui faire jadis un cortége particulier, est tombé probablement depuis de longs siècles dans le domaine terrestre. On le voit, un cercle et trois intervalles 6, 8 et 10, d'où doivent provenir peut-être trois ceintures différentes et de natures différentes également, appartiendraient de nos jours à la Terre, qui de temps à autre, se trouve en faire l'héritage direct à la surface même de son sol.

Il nous reste encore l'intervalle 12, compris entre le cercle terrestre, le cercle Jovien et le cercle Martial.

Cet intervalle ne peut, selon nous, appartenir qu'à la planète Mars. Tout le lui concède, les principes dont nous venons de parler et dont nous avons déjà quelque peu fait une expérience que nous répéterons souvent à leur avantage, et la résultante de la force centrifuge de Mars, combinée avec la force de la poussée de la matière cosmique. Il est à considérer, en effet, que la direction de cette force centrifuge, aidée de la grande poussée générale, précipite bien la matière de l'intervalle 12 dans le sens de la marche commune aux satellites, ainsi que nous allons en juger quelques pages plus loin.

Nous considérons donc comme acquis à la planète Mars l'intervalle 12 qui repose sur elle, et faisons clore par lui la série des espaces interplanétaires inférieurs. Nous avons déjà parlé de l'intervalle voisin 9, et nous avons vu que sa position en contact avec le Soleil, différente en cela des espaces de la série pair, lui attribuait un orbite indépendant d'un astre intermédiaire, c'est-à-dire, un orbite dessinant son ellipse rigoureusement autour du Soleil sans déviation périodique due à une influence planétaire quelconque, déviation constatée chez le satellite et que doivent ou plutôt ont dû éprouver ces myriades d'astéroïdes, comme en traverse le globe terrestre, et qui proviennent des intervalles pairs. Ces millions de petits

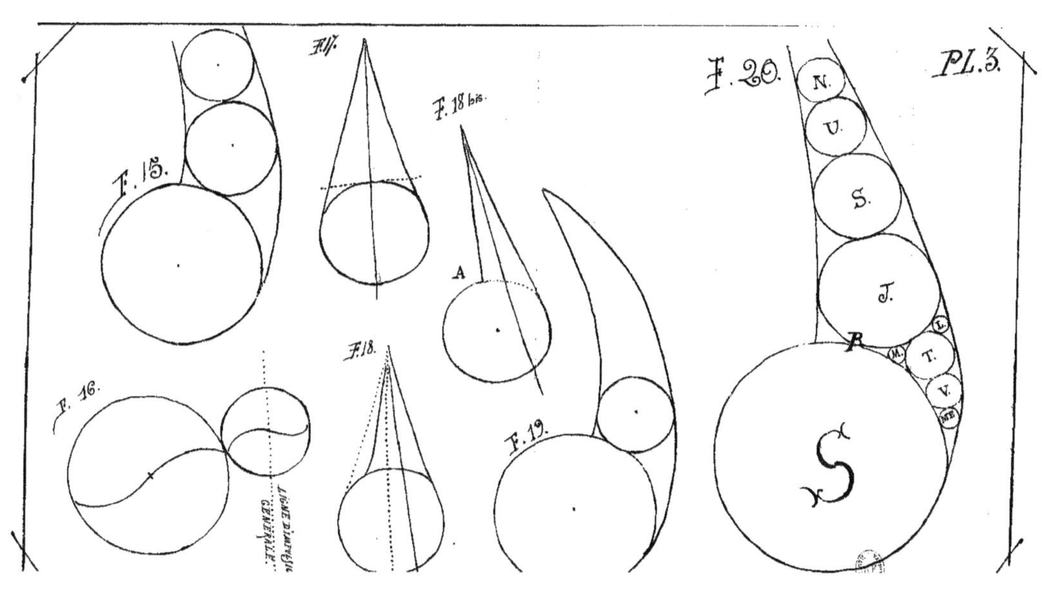

F. 17.
F. 18 bis
F. 20.
PL. 3.
F. 15.
A
F. 16.
F. 18.
LIGNE D'IMPRESSION GÉNÉRALE.
F. 19.
N.
U.
S.
J.
R.
L.
M.
T.
V.
S.

astres, éteints tous très-probablement, que la vie a peut-être animés, vont errants dans l'espace en suivant les lois communes aux astres morts de leur importance. L'histoire y a peut-être eu ses annales où la raison et la justice étaient peut-être traitées comme sur notre globe terrestre.

Nous allons sonder la grande colonne planétaire supérieure, colonne sous laquelle l'ensemble du groupe planétaire inférieur ne forme guère, limité par le Soleil, Jupiter et l'enveloppe du système entier, qu'un vaste intervalle plus apprécié par nous par sa plus grande proximité.

Si nous avons pu intéresser le lecteur dans ce vaste intervalle que nous venons d'examiner, par le bonheur des distances et des volumes comparés, nous espérons l'attacher davantage dans l'examen des intervalles de la colonne supérieure. Nous espérons toujours consolider de plus en plus la théorie que nous lui présentons, par le témoignage vivant des matériaux universels qu'elle demande pour s'édifier, et, en quelque sorte, retrouver l'univers planétaire sur les indications de la carte théorique.

Nous continuons par chiffres pairs, et toujours du même côté que par les intervalles du groupe inférieur, la désignation des intervalles à examiner. Le Soleil, dans ce travail de réaction éthérée que nous traversons, semble, pour les grandes comme pour les petites planètes, toujours imposer en loi la répudiation de ce qui ne le touche pas ou ne le touchera pas directement, c'est-à-dire, sans autre contact intermédiaire.

On constate, dans le côté pair de la colonne, des intervalles considérables et en proportion des circonférences qu'ils séparent. L'intervalle désigné par 14 appartient à Jupiter, toujours en vertu du principe dont nous venons de parler, et de celui qui reconnaît aux bases planétaires la faculté de s'approprier leurs accessoires d'accompagnement de toute nature dans l'intervalle qui les surmonte. La ligne de l'entraînement planétaire général, et la force centrifuge dont le satellite éprouve les effets sur sa base déjà animée de rotation, demande qu'il en soit ainsi, c'est-à-dire, en un mot, que l'emplacement satellitaire soit constamment à l'opposite du Soleil.

Nous considérons donc en toute assurance l'intervalle satellitaire 14 comme appartenant à Jupiter. Continuant une rapide esquisse, nous placerons en 16 les satellites de Saturne, sur lesquels des circonstances intéressantes nous feront revenir en particulier. Nous plaçons en 18 ceux d'Uranus pour terminer en 20 l'emplacement sur lequel l'unique satellite, jusqu'ici connu, de Neptune a pu prendre son essor.

Si quelque chose doit nous frapper tout d'abord dans ces satellites des planètes supérieures, c'est ce nombre quatre adopté par eux, nombre qui ne se dément en 16 (satellites de Saturne) que pour s'y manifester deux fois, et qui ne se constate plus en 20 (Neptune), que peut-être parce qu'un éloignement considérable n'a pas encore permis de le reconnaître.

Pourquoi ce nombre quatre ainsi affecté dans la

plupart des planètes supérieures ? La théorie en rend compte bien simplement.

Divisons arbitrairement un triangle : il nous donne d'abord un cercle principal central, puis un cercle secondaire dans chacun des trois angles qui restent à remplir, ce qui nous fait un total de quatre fractions. Or, chaque intervalle étant un triangle plus ou moins régulier suivant les arcs des circonférences et les lignes qui le circonscrivent, le nombre quatre est, doit être celui qu'affecte la nature dans les nombres satellitaires et dans le plus grand nombre de cas (1). Il n'en saurait pour nous être autrement; et la particularité des huit satellites de Saturne, loin d'être ici un obstacle, apporte, au contraire, un témoignage qui consolide la proposition que nous avançons et va nous donner en même temps l'occasion, impatiemment attendue, d'expliquer un phénomène qui puise sa cause dans une même source.

Il nous faut ici nous reculer et examiner l'ensemble de la colonne supérieure. Que voyons-nous ? D'abord Jupiter qui, avec son diamètre considérable, s'en est fait la base; Saturne présentant sur lui son diamètre déjà beaucoup moindre; Uranus apportant encore son volume réduit. Jusqu'ici nous avons de la sorte une colonne aux assises décroissantes dessinant un cône immense, ayant pour base Jupiter, et Uranus pour sommet. Car la dernière planète connue, Neptune échappe à cette disposition de diminution graduelle

(1) Il est probable que ce chiffre quatre doit, par une même raison, s'appliquer aux satellites de la Terre. Quelques astronomes, au nombre desquels il faut citer M. Faye, croient qu'un certain nombre d'étoiles filantes, de celles qui apparaissent çà et là dans toutes les nuits de l'année, sont autant de satellites de la Terre.

dans les diamètres, en présentant, au contraire, une augmentation sensible dans le sien qui est de cinquante-six mille kilomètres, quand celui de sa voisine, Uranus, est de cinquante-trois mille.

Peut-être existe-t-il, plus considérable que Neptune, une planète susceptible d'aider encore à la démonstration de ce que nous voulons faire comprendre. Nous allons essayer de procéder sans elle à notre explication et de nous faire comprendre avec les seuls matériaux universels connus.

Si donc, laissant de côté ce que nous ne connaissons pas, nous voulons essayer de dessiner l'ensemble planétaire supérieur connu, nous ferons partir d'abord deux lignes de chaque côté du diamètre de la dernière planète supérieure connue, Neptune, pour venir toucher (Fig. 24) la circonférence de la planète voisine Uranus, et s'arrêter devant le diamètre relativement supérieur de la planète Saturne qu'elles seraient obligées de traverser. Nous obtenons bien ainsi, pour dessiner la figure de la colonne, un premier cône. Si nous répétons le même procédé graphique sur les deux planètes supérieures qui nous restent, nous ferons encore partir des extrémités diamétrales de Jupiter deux lignes qui viendront toucher la circonférence de Saturne, pour rencontrer entre cette dernière et Uranus les lignes qui viennent de leur côté y fermer le cône supérieur. Voilà très-probablement, en suivant ses contours, la figure affectée par la colonne cosmique quand la division orbitaire est venue la surprendre.

Mais cette forme encore qui la prouvera ? Nous la dessinons bien sur le tracé exigé par les éléments qu'elle a renfermés, mais c'est là toute la preuve théorique que nous possédons, tandis que dans la nature, les cercles de ces éléments, au contraire, ont dû se ranger et dessiner leurs circonférences d'après la forme de leur milieu ; le contenu a dû se modeler dans le contenant. Ce ne serait pas la première fois qu'un effet trahirait sa cause ; mais cherchons dans la cause même la preuve des effets naturels et obligés. Soumettons-nous à la loi du contenu modelé, calibré dans le contenant, et cherchons à en tirer une conclusion favorable, péremptoire, s'il se peut, pour l'établissement des lignes générales du monde planétaire supérieur.

Menons, arbitrairement toujours, deux lignes non parallèles formant cône ; répétons ces mêmes lignes de façon à nous donner les deux cônes soudés à leurs sommets que nous savons (Fig. 25).

Essayons, maintenant, d'y placer également nos cercles par le procédé arbitraire, c'est-à-dire, procédant du plus grand possible au plus petit. Les plus grands cercles devront naturellement se placer à la partie la plus large possible de ces cônes. D'autres cercles installeront leur diamètre en conséquence de l'espace amoindri qu'ils trouveront encore près de la base ; d'autres viendront profiter encore de l'espace resté, se resserrant toujours comme les précédents le plus près possible des bases, pour s'approprier le plus d'espace. Mais lorsque ces deux chaînons de cercles décroissants viendront à se rencontrer dans les sommets des cônes, de quelle manière s'effectuera cette rencontre ? Un contact juste et rigoureusement précis sera-t-il le résultat de cette manière de procéder arbitraire, ou un intervalle plus ou moins faible ou considérable en sera-t-il le résultat contraire ?

Evidemment c'est le résultat qui donne l'intervalle qui doit être accepté ici comme vrai. Nous n'en voulons pour preuve que l'expérience même. Qu'on établisse de la manière sus-décrite deux cônes aux angles arbitraires, et qu'on y inscrive les cercles décroissants dont nous parlons en commençant par une base arrêtée ; une fois sur cent, sur mille peut-être, on obtiendra un contact exact, précis entre les deux cercles fermant les sommets; un intervalle plus ou moins faible, plus ou moins considérable sera dans l'immense majorité des cas le résultat de cette inscription des cercles, résultat qui doit presque infailliblement avoir été celui de la nature, dans le cas qui nous occupe, et qui doit avoir laissé quelque part des traces précieuses que nous allons chercher.

Convaincu de cette impossibilité de juxtaposition, dans quelle partie du monde supérieur planétaire devons-nous en chercher les traces? Evidemment dans celles qui d'abord laissent à supposer la conjonction des lignes des cônes, la fermeture des sommets, c'est-à-dire, entre Saturne et Uranus ou encore entre Uranus et Neptune. Cherchons donc si un phénomène particulier ne se révèlera pas dans la nature aux environs de ces corps célestes.

Observons, rappelons encore cependant et auparavant au lecteur que la loi, qui abandonne au Soleil, sans influence périodique d'astre intermédiaire, les espaces cosmiques, circulaires ou triangulaires qui entrent ou sont appelés à entrer en contact immédiat avec lui, est applicable aux espaces désignés par chiffres impairs de la colonne supérieure (côté gauche comme pour le système inférieur). Nous jugerons plus tard la cause de cet effet commun et particulier

au même côté des deux colonnes supérieure et inférieure.

Nous soupçonnons fort l'espace dont il s'agit avoir
existé entre la planète Uranus et la planète Saturne.
Les huit satellites dont celle-ci jouit uniquement
dans la nature, et auxquels elle a dû certainement
servir de base commune, appelle toute notre attention.

En effet, le privilége de quatre satellites en plus,
offrant chacun un volume aussi considérable que celui
des satellites des planètes supérieures en général, font
demander dans quel intervalle à part cette planète a
dû les puiser. Aucune autre source ne peut s'offrir à
l'esprit que le triangle d'intervalle urano-satur-
nien 15 (Fig. 25), situé à la même distance du centre
de Saturne, qui pourrait lui servir également de base.
Par quelle voie spéciale, particulière, les éléments
de cet intervalle impair 15, condamnés jusqu'ici à
l'immobilité, ont-ils été trouver leurs pareils en 16
pour faire à la fois route et nombre avec eux?

Cette voie, ce couloir nécessaire pour donner lieu
à ce phénomène satellitaire que nous savons exister,
achève de nous ouvrir les yeux sur l'intervalle problématique que nous cherchons et que nous pressentons
avoir dû exister. Ce couloir obligé serait-il cette lacune nécessaire? La raison penche à le croire, l'expérience semble devoir le certifier.

Ce nombre supplémentaire quatre ajouté, dans le
cas qui nous occupe, au nombre ordinaire adopté par
les autres planètes supérieures, est une raison numé-
rique éloquente et influente, si l'on considère qu'effectivement il est la conséquence obligée du triangle
marqué du chiffre 15, que le raisonnement réclame

et qui doit porter à huit le nombre des satellites de Saturne.

Rien ne semble s'opposer à la réunion des satellites contenus en 15 avec ceux contenus en 16, si un passage est pratiqué et ménagé entre les deux intervalles. La force centrifuge, qui a dû avoir et produire des effets identiques dans l'un et dans l'autre, tendait à faire suivre aux satellites une route commune, et, de plus, devait même tendre par sá direction à les engager, les forcer dans le couloir naturel, de son côté de plus en plus ouvert par la concentration de la planète Saturne, la base naturelle (1).

Un caractère du cortége satellitaire de Saturne, qui semble corroborer notre hypothèse, est l'éloignement considérable de la moitié des astres qui le composent, éloignement tendant à démontrer celui de leur point d'origine particulier. En divisant en deux groupes les satellites de Saturne, Rhéa, le satellite le plus rapproché du second groupe, se trouve à une distance de un million cent mille kilomètres. Japet, le dernier satellite du même groupe, se trouve à celle de sept millions cinq cent mille kilomètres. Les distances les plus grandes des satellites des autres planètes, sont : pour Jupiter, quatre cent quatre-vingt-cinq kilomètres (Calisto), et pour Uranus, six cent deux mille kilomètres (Obéron).

Or, il faut admettre que cette lacune cherchée, que nous croyons être sur le point de trouver, et qui sert de trait-d'union entre les deux intervalles 15 et 16, a dû être à son milieu beaucoup plus faible qu'à ses

____

(1) Ne perdons pas de vue que les phénomènes de la concentration ne se développent qu'après le contact solaire.

extrémités. Sans cette condition , le nombre huit des satellites saturniens se fût peut-être élevé , l'emplacement se prêtant à l'inscription des cercles plus grands. Si donc , il nous faut admettre une largeur de passage relativement faible à l'origine , il nous faut admettre aussi une séquestration temporaire des cercles contenus en 15, séquestration obligée jusqu'à liberté de passage due à la réduction du diamètre de Saturne sous l'effet de la concentration (2).

Mais il nous faut admettre aussi que la planète Saturne ne pouvait pas posséder la même force centrifuge dans les départs différents des deux groupes qu'elle supportait. Dans leur départ retardé jusqu'à liberté de passage , les éléments du grouge 15 ont naturellement profité du plus de force acquise par leur base par l'effet des temps, et ont dû , par conséquent , au moment de leur projection , décrire sous l'effet plus grand, plus développé de cette force centrifuge de Saturne , des orbites plus vastes proportionnellement à leurs retards , orbites constatés de nos jours.

Les éléments qui composaient les cercles 15 et 16 ont donc dessiné leurs orbites en raison des points de départ de leurs masses, et d'autres causes encore qu'il serait extrêmement intéressant d'étudier en cherchant les rapports.

Mais la matière de ce trait-d'union, de cette lacune entre deux intervalles jumeaux, est relativement elle-

(2) La dilatation du passage à ce moment fut peut-être favorisée par la forme décroissante du cône qui contenait et pouvait temporairement détenir la planète Uranus, ainsi que Neptune. La loi de Bode, qui se trouve en défaut sur Neptune, dont elle porte la distance à trois cents , quand elle devrait être à trois cent quatre-vingt-huit, n'a peut-être d'autre cause dans sa différence.

même trop considérable ici pour être négligée et ne pas occasionner quelque chose d'extraordinaire à l'endroit de sa naissance. Il nous faut encore chercher ses traces dans les parages célestes où se sont révélés déjà les satellites qu'elle réunissait.

Le lien que nous cherchons est pour nous manifeste à l'endroit même où il devait réunir les deux triangles satellitaires, c'est-à-dire sur la circonférence de la planète Saturne.

Nous connaissons, en effet, cet anneau singulier qui entoure cette planète, anneau supposé formé d'astéroïdes sur lesquels se réfléchit la lumière solaire, et qui, formé dans des conditions toutes particulières, trahit ces conditions par une particularité dans sa manière d'être en rapport et en harmonie avec elles.

Plus on y réfléchit, plus on est porté à croire que le lien des intervalles triangulaires est celui-là même qui enceint aujourd'hui Saturne. La force centrifuge ne s'oppose nullement à cette supposition, bien au contraire. Si l'on admet que les éléments moins volumineux et par conséquent plus légers de cette chaîne ont été les premiers à partir, plus impressionnables à l'entraînement centrifuge (1), on doit voir dans l'intervalle 16 un obstacle à leur élan anticipé, brisé. Placés entre cette impulsion centrifuge et un obstacle, cette force d'inertie rencontrée jusque-là dans les cercles 16, il en doit temporairement pour eux résulter une stagnation chaotique que nous ne saurions bien définir.

La force centrifuge a eu plus tard à démêler, à

(1) Chose ici très-probable, vu la nécessité de leur expulsion pour la liberté de passage.

classer en quelque sorte par ordre de pesanteurs tous ces cercles, peut-être prématurément livrés à une concentration anormale, comme confuse. L'apparence variée de la constitution de l'anneau entourant Saturne le donnerait à supposer (1). Cette rupture d'élan pourrait être, avec la raison des masses, une des causes qui ont confiné la masse de l'anneau saturnien à l'équateur de cette planète.

Le plan de cet anneau est loin d'être indifférent. Il est à remarquer qu'il est dans celui de l'équateur de la planète, comme celui des orbites satellitaires qui l'entourent. Ce plan équatorial, commun à la ceinture et aux satellites de Saturne, ne semble-t-il pas éloquent dans la question de leur origine et surtout dans celle de la force centrifuge qui leur communiqua le mouvement et les formes affectées ?

Nous résumons nos observations. Nous avons constaté le besoin d'une lacune interplanétaire pour expliquer la formation de l'ensemble du système planétaire supérieur. A l'endroit désigné par le raisonnement, nous avons trouvé un phénomène particulier dans la nature, un appendice singulier qui, joint à une augmentation dans le nombre ordinaire des satellites dévolus aux planètes, accusait par sa présence une plus grande masse de matière cosmique intervallaire. La matière, dans le cas présent, c'est l'espace dans le passé. En rapprochant donc ces deux circonstances, la première, d'une lacune présentée comme nécessaire par la raison, la seconde, de la matière la plus propre

______

(2) L'anneau de Saturne n'a pas plus de cent lieues d'épaisseur et peut être divisé en trois anneaux distincts. Le plus près de Saturne est obscur et transparent; l'anneau extérieur offre une teinte grisâtre; l'anneau intermédiaire semble plus lumineux que le globe de Saturne.

à la remplir et présentée comme réelle par la nature,
la conviction naît avec l'examen. Le raisonnement
satisfait à la nature en devinant et trouvant les espaces
inconnus dont elle avait besoin jadis pour sa création ;
la nature satisfait à la raison en lui fournissant des
matériaux célestes dont elle réclame l'existence manifeste pour l'emplacement d'origine. Si la matière visible aujourd'hui est l'espace d'autrefois, si elle porte
la preuve, si elle est la preuve ici même d'un espace
interplanétaire anormal, nous laissons au lecteur le
soin de conclure.

En examinant attentivement les différents points
d'origine des groupes satellitaires, et en cherchant à
se rendre compte des nuances possibles dans les rôles
qui leur ont été attribués, nuances dues aux positions
diverses des planètes elles-mêmes, l'on est conduit à
prêter aux satellites un ordre de marche bien différent
chez les uns et chez les autres. Si nous portons effectivement un regard rétrospectif sur la planète Jupiter,
base de la colonne planétaire supérieure, nous pourrons être convaincu qu'un temps d'arrêt considérable
a existé pour elle, arrêt dû à la réduction nécessaire
du Soleil pour lui livrer un passage. Ce diamètre si
considérable, confinant au Soleil et aux lignes de la
cloison enveloppante, n'a dû laisser échapper les satellites que successivement à mesure que, se réduisant
au contact du Soleil, il pouvait leur livrer un passage
mesuré.

Mais la conduite des autres planètes pour leur satellite a dû être fort différente. En effet, le grand cercle

solaire arrivé au point de réduction pour laisser passer le cercle de Jupiter faisant jusqu'ici le rôle d'obturateur pour les autres planètes supérieures, et soudé encore à la colonne par son hémisphère supérieur, il dut en résulter instantanément une liberté très-grande pour l'écoulement des autres planètes supérieures d'un diamètre très-inférieur à celle qui les condamnait à l'inaction. Dans cet espace amplement élargi, préparé, se précipitent Saturne, puis Uranus et Neptune guidés par l'attration solaire et plus ou moins encore par l'impulsion générale. La liberté dans l'essor, liberté dont purent profiter les cercles satellitaires conçus dans le côté normal de la colonne (côté marqué pair) et accompagnant ces trois dernières planètes, a dû rendre leurs départs simultanés sur une même planète, simultanéité qui a dû laisser ses effets appréciables sur la marche de ces satellites.

Nous ne savons si nous avons exposé la chose avec toute la clarté désirable. Résumons-nous. Il y a dans l'introduction de Jupiter dans le couloir où s'ébauchent les orbites, cette particularité que cette planète, d'une part moins attirée par l'attraction encore naissante du Soleil, et d'autre part possédant un plus vaste diamètre, a dû serrer davantage dans sa marche les limites du passage mesuré qui lui était graduellement offert. Les planètes de diamètre plus faible qui suivirent ont été introduites dans des conditions tout autres. Le passage préparé, exagéré en quelque sorte, par le diamètre considérable de Jupiter, isolait dorénavant ces planètes des lignes de délimitation. Si l'on joint à ces conditions celle d'une attraction croissante du Soleil sollicitant sans cesse leur rapprochement de sa circonférence, nous serons forcé d'en déduire un isolement complet des limites extérieures du couloir, isolement qui devra assurer aux satellites de ces planètes une liberté conséquente dans le jeu de leurs orbites naissants. Voyons maintenant ce que nous présente la nature dans la marche des satellites de la colonne planétaire supérieure, et que le lecteur veuille bien nous suivre dans nos recherches comparatives.

SATELLITES SATURNIENS.

NOMS.	DISTANCES à la planète en kilom.	DURÉES de révolution.		
		Jours.	Heures.	Minutes.
Mimas . .	390,000	0	22	37
Encélade .	500,000	1	8	53
Thétys. .	620,000	1	21	18
Diane . .	793,000	2	17	41
Rhéa . .	1,110,000	4	12	25
Titan . .	2,570,000	15	22	44
Hypérion .	3,100,000	21	7	8
Japet . .	7,500,000	79	7	54

SATELLITES URANIENS.

NOMS.	DISTANCES en kilomètres.	DURÉES de révolution.		
		Jours.	Heures.	Minutes.
Ariel . .	197,000	2	12	28
Umbriel .	274,000	4	3	27
Titania. .	450,000	8	16	52
Obéron .	602,000	13	11	6

Nous ne parlons pas de l'unique satellite connu de Neptune qui échappe à la comparaison.

SATELLITES DE JUPITER.

NOMS.	DISTANCES en lieues de 4 kilom.	DURÉES de révolution.		
		Jours.	Heures.	Minutes.
Jo . . .	107,200	81	18	27
Europa .	170,700	3	13	14
Ganymède.	272,000	7	3	43
Callisto .	485,000	16	16	32

Une chose capitale nous frappe, nous surprend dans ces tableaux sus-exposés; c'est la manière toute différente dont se comporte le temps par rapport aux distances.

Dans la majorité des satellites on peut, comme dans leurs planètes, observer ce même fait d'un retard dans la durée de révolution, plus ou moins proportionnel à la grandeur de l'orbite. Rhéa, par exemple, à la distance de Saturne de un million cent dix mille kilomètres, met dans son parcours quatre jours douze heures ; Titan, de la même planète, qui ne compte que deux millions cinq cent soixante-dix mille kilomètres et ne devrait guère par conséquent mettre que le double du temps dans son parcours, met quinze jours vingt-deux heures, c'est-à-dire, un temps trois fois plus considérable.

La même remarque est à faire pour les satellites d'Uranus : Titiana, à quatre cent cinquante mille kilomètres, emploie huit jours seize heures ; Obéron, de la même planète, à la distance de six cent deux mille kilomètres, emploie treize jours onze heures.

Nous constatons donc une tendance extrêmement marquée à la modération de la part du temps, dans son concours dans les révolutions satellitaires. Mais un contraste surprenant vient se présenter dans l'examen des satellites de Jupiter.

Jo, le premier, parcourt cent sept mille deux cents lieues en trente-un jours dix-huit heures, quand Calisto, le dernier, trois fois plus éloigné (485,000 lieues), exécute sa révolution dans un temps moindre de près de moitié moindre (16 jours 16 heures). Dans Europa, qui parcourt cent soixante-dix mille lieues en trois jours treize heures, et Ganymède, qui en parcourt deux cent soixante-douze en sept jours trois heures, la différence est moins exagérée, mais elle édifie néanmoins le lecteur sur la manière toute particulière dont se comporte plus ou moins le temps, par rapport aux distances des satellites de Jupiter à leurs planètes.

D'où peut provenir cet étonnant contraste, cette remarquable inversion dans les rapports des temps? Rapprochons les phénomènes naturels, que nous exposons ici, de la liberté plus ou moins grande accordée au jeu des satellites, dont nous parlions il n'y a qu'un instant, et nous pourrons être persuadé que ces phénomènes contradictoires ne sont que l'effet logique et voulu par la situation primitive des satellites et de leurs planètes, et peut-être même verrons-nous ces contradictions venir consolider les bases mêmes de cette théorie.

Il convient parfaitement et effectivement à la plus grande partie du monde satellitaire connu de courir dans des orbites, dont les temps de révolution sont d'autant plus rapides que l'étendue de ces orbites est plus courte. La totalité de ces satellites appartient aux planètes à diamètre inférieur et libre, qui ont descendu après Jupiter dans le passage que nous savons, préparé et élargi par celle-ci. Les satellites, lors des premières sensations centrifuges éprouvées sur ces planètes, dûrent immédiatement, simultanément partir et obéir à la force centrifuge, n'ayant d'autre cause de retard que celle des différences d'inertie à vaincre que pouvaient présenter leurs masses.

Nous rappelons encore que la vie ne commence pour tout cercle planétaire inscrit que lors de son contact avec le Soleil, soit qu'il en jouisse immédiatement par sa position primitive, comme dans la

colonnc planétaire inférieure , soit qu'il soit appelé à
en jouir à son tour de rôle dans le mécanisme universel, comme dans la colonne planétaire supérieure.

Or, le satellite lancé a dû, comme nous l'avons
déjà dit pour le cercle lunaire, rencontrer à un moment donné de sa course le grand cercle solaire ,
dont le vaste obstacle a forcément produit cette
conséquence d'une déviation dans. la courbe , qui
dut prendre alors la forme sinueuse commune aux
satellites.

Nous nous sommes déjà expliqué sur ce changement de courbure, qui constitue en réalité de nos
jours et près de nous l'orbite du satellite terrestre.

Il ressort de ce qui précède : Premièrement, que
les cercles satellitaires, lancés par la force centrifuge
d'une planète et partant sur elle de points différents,
devront tracer une trajectoire (1) d'autant plus vaste
(Fig. 25 *bis*), que ces points de départ seront à l'origine plus éloignés du but de la projection (2). Deuxièmement, que la force centrifuge étant, abstraction
faite des masses, égale dans toutes, les temps de
révolution devront être en augmentation dans les
orbites satellitaires les plus étendues et, par conséquent, plus rapides dans les orbites plus courts.
Troisièmement, que la liberté pour le jeu des satellites étant le partage des planètes Saturne, Uranus
et Neptune, c'est autour de leurs circonférences que
l'on doit trouver des satellites, où la rapidité des
temps de révolution soit en progression en raison de
la diminution des axes des orbites.

(1) La trajectoire semble ici due en grande partie à l'attraction naissante de la planète pour le satellite.
(2) Nous prenons pour but de projection, ici, le Soleil.

Jupiter seul, par l'effet de son volume plus considérable, a soustrait ses satellites à cette loi. Les départs successifs exigés ici par l'exiguité du passage ont modifié dans les satellites l'énergie de la force centrifuge, celle-ci se développant de plus en plus dans la planète et se communiquant par conséquent au satellite en raison de son contact plus prolongé sur sa circonférence.

On peut dès lors concevoir, pensons-nous, la rapidité des temps en raison du plus d'étendue des orbites satellitaires ; les derniers satellites partis devant tracer les trajectoires les plus étendues avec une force accrue pouvant surpasser de beaucoup celle des premiers satellites lancés.

Restent encore les détails fort importants des particularités de positions et des masses satellitaires qui ont dû tant influer encore sur les orbites. Dans ce sujet à approfondir gisent les plus riches et les plus intéressantes déductions.

Mais la masse solaire, qui semble comme le but de la force centrifuge dans le lancement des satellites, est ici, par l'obstacle qu'elle oppose, de la plus grande importance. En effet, non-seulement le dernier satellite lancé a pu jouir au bénéfice de sa trajectoire sur Jupiter d'une force plus grande, mais encore le retrait solaire, en reculant toujours le but, apporte une nouvelle cause d'étendue à cette trajectoire. Peut-être un jour le calcul donnera-t-il, par la marche connue des satellites, les proportions encore inconnues du retrait du cercle solaire dans les temps antésidéraux : problème d'une importance bien grande, puisqu'il aiderait à trouver plus ou moins approximativement l'âge de la confection du monde.

Les satellites de Jupiter, en adaptant l'inversion des temps que nous connaissons, avaient un intérêt puissant; de cette inversion dépendaient leur existence et sa conservation. Il était indispensable que la force et les temps se combinassent et s'effectuassent de cette manière adoptée par la nature. La projection rectiligne, naturelle à la force centrifuge, doit certainement tendre à devenir ici curviligne par l'effet de l'attraction de la planète sur le cercle satellitaire qu'elle projette; cette projection ne pouvant, au moment préparé pour elle (Fig. 26), se faire parallèlement à une ligne AS, passant par l'axe solaire, mais devant, au contraire, suivre une ligne courbe d'attraction LD, tendant à passer plus ou moins par cet axe; de plus, la forme concave du moule, dont vient de s'échapper le monde planéto-inférieur, tendant de son côté à conduire dans certaines proportions la projection vers le cercle solaire, il était du plus grand intérêt pour Jupiter de modifier la conduite des forces et des temps à l'égard de ses satellites.

Une assimilation de ceux-ci par le Soleil eût été à redouter ici avec le procédé suivi par les autres planètes supérieures. Il fallait, semble-t-il, dans cette marche sinueuse particulière aux satellites, marche qui n'est qu'un composé d'attractions planétaires et de répulsions solaires, un grand soin de faire harmoniser les temps, les forces et les courbes.

Supposons un instant une marche contraire à celle adoptée par la nature sur Jupiter; faisons arriver avec le moins de temps, par conséquent avec le plus de force, vers l'axe solaire le satellite ayant le moins d'espace devant lui pour modeler sa courbe, c'est-à-dire, par conséquent, le premier satellite, un angle brutal est à craindre alors entre le raccord de la ligne de la projection et celle de la répulsion solaire (Fig. 27), lignes qui doivent pour beaucoup déterminer dans l'avenir, la marche du satellite et que, par suite, celui-ci ne vienne heurter brutalement le Soleil, compromettant son existence en se faisant détruire par lui.

Le danger est évité avec le moyen de la force diminuant avec la distance. Le premier satellite faiblement lancé, possédant le temps voulu pour dessiner une courbe conforme à ses besoins orbitaires, échappe ainsi à une destruction possible, et les derniers satellites plus rapides, ayant pour eux l'espace, peuvent également faire se raccorder heureusement les lignes nécessaires à leurs orbites, et malgré l'énergie plus grande de leur impulsion tardive, éviter tout choc compromettant leur avenir.

C'est ainsi que, selon nous, ont dû se passer et se combiner les choses. Le sens de la courbure des rayons solaires semble se prêter du reste à repousser, renvoyer les satellites vers leurs planètes; et les satellites, laissant plus tard passer entre leurs sinuosités cette même planète qui servait autrefois de base à leurs cercles, alors en quelque sorte encore immatériels, virent commencer le jeu éternel et parfait de tous les globes du système planétaire entre eux.

Du reste, des lois particulières inconnues ont pu présider à l'établissement de l'univers pendant sa période de réduction. Il serait encore difficile de préciser la conduite des axes planétaires à l'égard des axes satellitaires comme distance. Ce que l'on peut jusqu'ici raisonnablement déduire de ce qui précède, c'est que le satellite a fui d'abord devant sa planète, lancé par la double force de la poussée universelle et de la force centrifuge; qu'une troisième force, l'attraction développée en la planète, est venue la faire dévier de la résultante imposée par ces deux premières forces, et qu'une quatrième, enfin, celle de la répulsion solaire, est encore venue s'imposer dans son itinéraire.

Le satellite, sollicité à la fois par toutes ces forces, a dû fuir longtemps, avons-nous dit, devant sa planète avec un mouvement ondulatoire de plus en plus accentué, dû à l'attraction de cette planète et à la répulsion solaire, jusqu'au moment où la réduction du diamètre du cercle solaire, celle du diamètre de la planète et celle de son propre diamètre, lui permirent de passer entre le Soleil et la planète, entrant ainsi dans l'ère des conjonctions et des oppositions qui caractérisent sa marche de nos jours. Il ne serait pas impossible, au premier aperçu, étant adoptés les phénomènes sus-dits, de juger approximativement le volume primitif de notre cercle terrestre. Nous laissons au calcul le soin d'éclaircir ce problème.

Mais nous voici depuis longtemps arrivé au sommet de la colonne supérieure, sommet couronné par Neptune. Un seul satellite, avons-nous déjà dit, nous est offert par cette dernière et lointaine planète. Appartient-il de dire qu'il n'en existe pas d'autres? Nous ne savons. La distance ne saurait être pour les satellites, s'ils existent, une raison de négation perpétuelle. En attendant des travaux de la science un éclaircissement, nous ne pouvons, en ce moment, dire que ceci : que l'unique satellite dont nous parlons peut bien n'être que le plus volumineux ou le plus brillant d'un groupe de quatre congénères, et alors Neptune pourrait bien n'être pas la dernière planète de notre système planétaire actuel, puisque le triangle qui donnerait naissance à ce groupe devrait en ce cas rentrer dans les conditions ordinaires de tous les triangles interplanétaires supérieurs, c'est-à-dire, demander à être fermé par un côté, qui se trouvera pouvoir être formé par la circonférence inférieure même d'un cercle superposé.

Le nombre trois impliquerait peut-être mieux l'idée d'une terminaison de la colonne supérieure. On peut supposer qu'un triangle à sommet bien aigu n'est pas employé pour cette terminaison par la nature, chez laquelle la forme ronde se voit si fréquemment, pour ne pas dire toujours, employée dans les formes de l'infiniment grand. L'angle supérieur de ce triangle terminal pourrait donc n'être pas aigu, et peut-être la terminaison de ce triangle pourrait-il être alors dessiné par la circonférence même du satellite central. La suppression de cet angle supérieur, qui du reste pourrait parfaitement avoir existé, réduirait ainsi à trois seulement les satellites de Neptune : un satellite central et deux satellites latéraux.

Le champ des conjectures est du reste ici très-vaste, car l'angle terminal peut être encore supposé, malgré tout, terminé d'une manière prolongée et aiguë, et alors une quantité beaucoup plus grande de satellites y aurait pris naissance. La base de ce triangle pourrait même avoir fourni encore, selon sa largeur, des planètes au monde supérieur, planètes encore inconnues.

Nous observons au lecteur que nous n'émettons là-dessus qu'une opinion tout à fait hasardée, de-

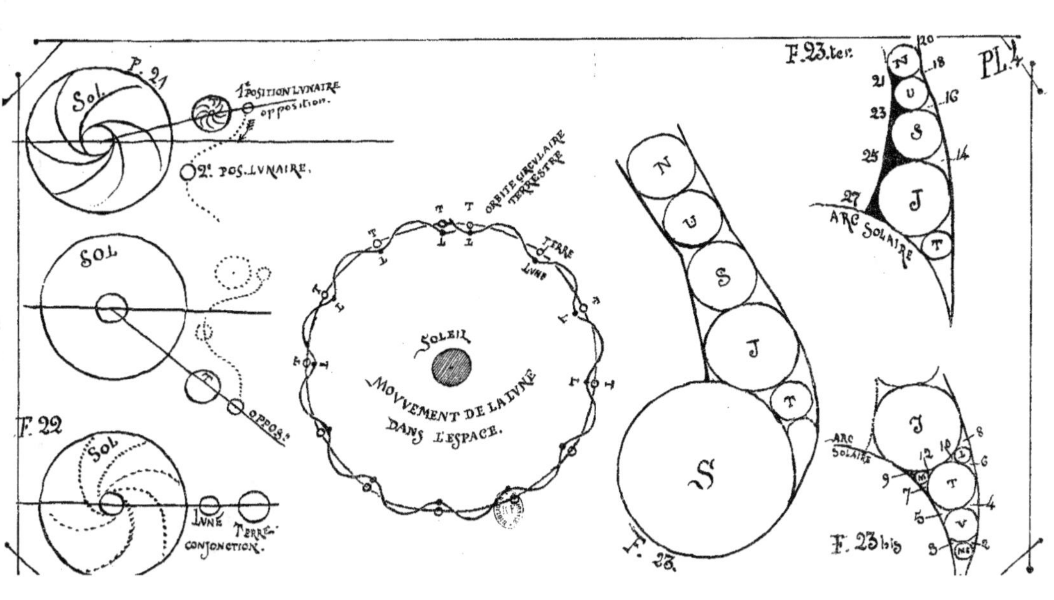

F. 21
Sol
1ᵉ POSITION LVNAIRE opposition.
2ᵉ POS. LVNAIRE.
SOL
F. 22
OPPOSⁿ
SOL
LVNE TERRE
CONJONCTION.
SOLEIL
MOVVEMENT DE LA LVNE DANS L'ESPACE.
ORBITE CIRCVLAIRE TERRESTRE
TERRE
LVNE
N
U
S
J
T
S
F. 23.
F. 23.ter.
PL.Y.
N
U
S
J
T
ARC SOLAIRE
20
18
16
14
21
23
25
27
F. 23bis
J
ARC SOLAIRE
M
T
V
N
8
10
6
4
2
12
9
7
5
3

mandant à être interprétée par les plus humbles conditionnels. Nous avons déjà dit pour nous, quelques pages plus haut, quel pouvait être sur ce sujet notre sentiment et les raisons sur lesquelles il s'appuyait, modérément toutefois pour se produire. Nous laissons la parole aux découvertes.

Espaces interplanétaires supérieurs. — Côté anormal.

Nous avons épuisé le côté pair, dit côté normal de la grande colonne ; nous allons maintenant sonder en le descendant le côté opposé, ou anormal. Nous allons chercher quelle place, quel emploi les conditions de ces intervalles vont demander à la nature ; nous allons voir ce qu'ils peuvent nous révéler.

Prenons donc le premier espace interplanétaire 21, entre Neptune et Uranus, triangle, comme les autres déjà connus, susceptible de nous donner par division quatre cercles principaux.

Demandons-nous d'abord dans quelle direction la force centrifuge poussera les cercles renfermés dans cet intervalle. La question paraît difficile à résoudre, s'il lui faut s'accorder avec ce que nous connaissons jusqu'ici des intervalles ordinaires. Les effets de cette force semblent annihilés complétement ; tout vient choquer ici les principes que l'expérience semblait avoir dû nous faire admettre. La force, au lieu d'être favorisée par les conditions au milieu desquelles elle doit se développer, se voit, au contraire, contrariée, empêchée par elles. Pour sa projection, ce groupe satellitaire, en effet, enclavé sans issue, n'a pas ici la ressource, l'échappement ménagé par la nature dans les intervalles situés entre Uranus et Saturne, circonstance unique dans ce qu'il nous est donné de connaître de la colonne planétaire supérieure, qui accuse encore dans les proportions de ses éléments disséminés la cause de cet effet particulier.

L'emplacement anormal qui nous occupe demande un nouvel ordre de choses, car le satellite se voit interdire ici de parcourir sa base dans le sens voulu de son mouvement. La projection de la force centrifuge, quand viendra le contact solaire, se trouvant dirigée contre Neptune, celle-ci opposant l'inertie de sa masse, servira de frein et paralysera le mouvement de ces satellites.

Quel singulier mode de gravitation va donc se révéler à nous? Il est urgent cependant qu'il soit bien constaté. Nous aimerions mieux anéantir la théorie que d'y voir inexploités, inexpliqués un ou plusieurs espaces aussi considérables.

Que de conséquences peuvent jaillir de cette direction anormale, risquons le mot, impossible dans laquelle se dirige le groupe satellitaire qui nous occupe.

D'abord privé de l'attraction de sa planète qui, par sa projection centrifuge, tend au contraire à l'isoler sans retour, l'abandonner, le repousser, vers quel but inconnu se dirigera-t-il?

Une seule force lui reste désormais qui doit le conduire vers un but, celle de la grande impulsion universelle. Dans la direction de cette impulsion se trouve assurément la ligne que doivent plus ou moins rigoureusement suivre ces astres délaissés, réfractaires, et cette ligne les conduit directement vers le cercle du Soleil.

Mais si nous poursuivons encore nos recherches, par quelle voie singulière s'accomplira cette course voulue par cette grande force? La raison de l'attraction de la masse planétaire pour la matière du satellite, matière engendrée, nous le savons, par le mécanisme même de la gravitation ordinaire dont le satellite ne jouira pas, n'existe plus ici.

La voie circum-solaire, à peu près circulaire, commune à tous les astres, n'a plus de raison d'être. En effet, le cercle indépendant d'une planète, à laquelle il nous faut bien assimiler en ce moment notre satellite à placer, a dès l'origine de son mouvement le plus imperceptible reçu les premières tendances à la matérialisation et, par conséquent, d'attraction par le fait de sa rotation sur la circonférence solaire. La direction de la force unique à laquelle obéit notre astre satellitaire, ne lui accorde pas de rotation possible sur l'équateur solaire. Bien au contraire, cette ligne droite suivie, tendant plus ou moins vers l'axe solaire, le fait passer directement par un chemin jusqu'ici inconnu dans tous les autres astres, par le chemin des pôles du cercle solaire.

L'astre va donc jouir d'une route orbitaire différente particulière, et va devoir en quelque sorte occuper, convertir en longueur d'ellipse, plus ou moins exagérée, une route à peu près circulaire et équatoriale dans tous les autres astres, route ordinaire qu'il n'a plus aucun motif de parcourir.

Du défaut de rotation résulte ici celui d'un retard immense vers la corporification; du défaut de cette dernière découle celui de l'attraction, laquelle retient d'ordinaire les corps célestes secondaires à l'équateur des astres principaux.

Nous allons voir, du reste, s'il existe dans la nature des astres qui veuillent bien répondre au signalement que nous trace, nous impose, dirons-nous, le tableau planétaire que nous connaissons, et voir s'il nous faudra supposer un astre chimérique pour remplir une place difficile à occuper.

Mais il existe dans la nature un astre qui répond parfaitement au signalement donné, et qui, venant combler ces derniers intervalles, vient d'une défectuosité apparente établir une preuve, créer un appui en légitimant, nécessitant même l'intervalle encore incompris qu'il se charge d'expliquer.

C'est que l'on connaît encore un astre paradoxal, hétéroclyte comme l'espace dans lequel il a été conçu; un dernier astre encore non défini qui vient se recommander à nous, précisément au moment où un dernier espace, également encore indéfini, semble le réclamer pour le reconnaître. Nous avons nommé la comète.

La comète, avec sa marche tantôt directe, c'est-à-dire gravitant dans le sens commun à tous les corps célestes en général et sans exception, et sa marche parfois rétrograde, c'est-à-dire gravitant dans le sens tout opposé, sens à elle particulier.

Dans cet astre s'observent encore des particularités importantes, des différences énormes susceptibles d'acquérir tous les degrés avec le plan de l'équateur solaire, des orbites elliptiques accusant souvent des excentricités infinies, inconcevables et inusitées encore jusqu'ici dans la marche des astres; excentricités paraboliques, hyperboliques qui suffiraient pour le faire remarquer parmi tous les autres corps célestes.

6*

Tout semble mystérieux dans ces comètes, jusqu'à leur avenir, encore non tracé, que l'on est porté à supposer pouvoir être celui d'une petite planète. Le rapprochement graduel et sensible de certaines comètes, telles que la comète d'Enke, auprès du Soleil, permettrait de le supposer.

Leur mission semblerait être, a-t-on dit, de régulariser la marche, les retours précis des planètes. Leur coïncidence plus fréquente et comme fatale avec la base importante de la colonne planétaire, Jupiter, fréquence que l'on dirait préméditée et calculée, le donnerait à croire. Les influences sensibles qu'elles éprouvent à l'approche des masses planétaires ne sont peut-être précisément que l'expression de celles qu'elles leur ont apportées elles-mêmes.

Mais nous voici entraînés dans les champs de la pure hypothèse, loin des témoignages matériels, positifs dont nous avons besoin.

Une singularité de ces astres, qui semble montrer le retard de leur formation, est l'enveloppe nébuleuse qui entoure leur noyau, ainsi que leur appendice connu sous le nom de queue, tous les deux probablement composés de matière encore imparfaite ou cosmique. L'attraction du Soleil pour la partie concentrée du noyau, et la répulsion native du même astre (1) pour la partie encore raréfiée qui l'entoure et le suit, pourrait bien aider à la grande cause de la distance dans la marche quasi-rectiligne qu'offrent les orbites si allongés d'un grand nombre de comètes.

(1) Cette répulsion n'est que l'application ultérieure du principe primordial admis dans la |théorie, du principe de la répulsion de la matière à l'état cosmique, qui ne se concentre que sous la puissance du mécanisme universel.

La répulsion semble manifeste dans la partie nébuleuse des comètes : la queue se couche à l'approche du Soleil, constamment dans le plan du rayon recteur qui passe par le centre du Soleil et celui du noyau de la comète, c'est-à-dire, toujours à l'opposite du Soleil.

Est-il permis de supposer ici en passant que la concentration de la comète tire son profit de cette répulsion même? La courbure de la queue, la convexité en avant, courbure que la science suppose due à la résistance de l'éther, semblerait témoigner une certaine intention d'enveloppement que le noyau cométaire, relativement plus ou moins fixe, pourrait utiliser au profit d'un accroissement très-lent.

La présence manifeste de la matière encore cosmique dans les comètes demande bien, pour se faire comprendre, une place offrant des conditions telles qu'en présente celle désignée par l'intervalle 21, où nous avons constaté la concentration par le mécanisme ordinaire de la rotation sinon impossible pour l'avenir, du moins indéfiniment retardée. La marche suivie par la comète demande bien encore un intervalle analogue, pour justifier l'excentricité de son ellipse par son point de départ. La rotation, répéterons-nous, semblant, pour suivre l'orbite quasi-circulaire ordinaire des planètes, ne pouvoir exister ici, et cette faculté paraissant indispensable dans cette marche circulaire commune.

Tout semble nous demander dans l'intervalle 21 un astre semi-cosmique, obéissant à la seule impulsion universelle vers le Soleil. Acceptons donc ce que nous indiquent la nature et le raisonnement. Nous allons sous peu recueillir de précieux indices qui nous permettront de juger approximativement les comètes de différents orbites, de longue, de courte période, selon les différentes cases interplanétaires anormales que nous avons à juger sur la carte planétaire.

L'explication de tous les phénomènes qui se rattachent aux comètes nous paraît devoir se faire ici sans effort. Nous sommes même, ajouterons-nous encore, porté à les considérer comme un moyen puissant et précieux pour soutenir et corroborer cette théorie.

Trois caractères principaux nous frappent dans les orbites cométaires : le premier est leur inclinaison sur l'équateur solaire; le deuxième, leur excentricité extrême, prodigieuse; le troisième, leur étonnante vertu rétrograde.

Pour expliquer le premier de ces caractères, il nous faut encore nous reculer quelque peu pour envisager la forme possible de l'ensemble planétaire à l'état encore cosmique. La grande masse, qui composait cet ensemble et dans lequel va s'opérer le travail planétaire, n'a pas dû, pensons-nous, avoir une profondeur et une largeur égales. Sa largeur comprise dans le sens de l'équateur solaire, côté que nous avons étudié jusqu'ici, a dû être, tout semblerait l'indiquer, de beaucoup supérieure à sa profondeur que nous comprenons suivant la ligne qui va d'un pôle à l'autre du cercle solaire. Ces proportions ont dû être ressenties plus ou moins par les cercles d'ordre inférieur qui accompagnaient ce grand cercle; chacun des cercles planétaires et intervallaires pouvait contribuer dans sa mesure à constituer la forme applatie de la masse cosmique, circonstance qui, si elle pouvait être prouvée, pourrait devenir une source encore inexploitée de déductions à tirer sur l'harmonie universelle.

Quoi qu'il en soit, nous sommes porté à insister
sur cette différence primitive et probable entre les
dimensions équatoriale et polaire du grand cercle
solaire, non que nous en ayons besoin pour expliquer les phénomènes particuliers aux comètes, mais
plutôt parce que cette différence, la forme de l'ensemble qui en résulte ont besoin elles-mêmes d'être
avérées par les phénomènes subséquents qu'elles ont
contribués à faire naître. Cette profondeur solaire
soupçonnée nous semble être révélée par la forme
de l'orbite des comètes.

Nous avons reconnu que lorsqu'un cercle pianétaire touche à la circonférence solaire, il en reçoit
immédiatement, en échange du mouvement que luimême contribue à lui communiquer comme partie
de la colonne planétaire, un sentiment de rotation
dont le premier effet est pour lui une tendance à la
concentration. Cette concentration, par l'enveloppement de leur propre matière, est le moyen adopté
par la nature pour faire avancer les masses circulaires
fluides vers la corporification. La concentration de la
matière, cause première de l'attraction, avançait donc
de pair avec la rotation, cause puissante elle-même
de la translation circum-solaire et en quelque sorte
échappement du mécanisme de la gravitation.

Mais avec les cercles cométaires, il nous faut
compter autrement; la concentration de la matière
s'est opérée bien lentement, puisque leur apparence
actuelle trahit encore autour d'eux la présence de la
matière cosmique, encore animée du sentiment de
répulsion originelle pour la masse solaire.

De cette lenteur dans la concentration, lenteur due très-probablement au défaut de la rotation, doit découler évidemment une faiblesse d'attraction du cercle cométaire au cercle solaire, et du cercle solaire au cercle cométaire, faiblesse d'attraction naturellement d'autant plus grande que l'on remonte davantage à l'origine de la formation.

Restait donc à l'origine pour la comète : d'une part, l'impulsion générale communiquée à tous les cercles supérieurs indifféremment vers le Soleil ; et d'autre part, une faiblesse d'attraction, une répulsion même innée et à peu près absolue de sa masse au cercle solaire et du cercle solaire à elle. Nous disons à peu près, car le premier mouvement du cercle cométaire vers le soleil dut coïncider, grâce à la marche adoptée que nous connaissons, avec un premier pas vers un enveloppement extrêmement lent dont dut résulter un germe d'attraction extrêmement faible de son noyau encore cosmique pour le Soleil.

Cette position établie pour la comète, voyons ce qu'il en va devoir découler.

Répudiée par son cercle planétaire, livrée en quelque sorte à elle-même et privée de la rotation, partage de la gravitation circulaire, la comète, sans attraction valable, devait donc obéir à la seule force qui la projetait d'un point vers un autre par le chemin le plus court, celui qui devait par conséquent et naturellement se rapprocher le plus de la ligne droite. La forme très-probablement lenticulaire du disque solaire en ces temps se prêtait à ce genre de gravitation ; aussi, le chemin suivi par le cercle cométaire (chemin qui faisait, remarquons-le, éviter le plus possible la masse répulsive du Soleil), fût-il la ligne plus ou moins droite qui passait par les pôles de ce soleil, tandis que les planètes prenaient le chemin circulaire qui en contournait l'équateur par le mécanisme ordinaire de la gravitation. L'impulsion universelle se trouvait ainsi obéie et la répulsion solaire satisfaite.

L'examen de la colonne planétaire supérieure, dans le rapport de ses lignes avec la grande circonférence solaire, confirme en tout point cette conduite différente des comètes. Il est visible, en effet, que les lignes longitudinales qui traversent l'ensemble des cercles planétaires et des cercles dits normaux, tendent à être des tangentes qui effleureront plus ou moins le cercle solaire, glisseront en quelque sorte sur lui, tandis que la ligne qui traverse les intervalles anormaux tend, par une position relativement bien différente, à être une sécante qui coupera la circonférence de ce cercle et passera plus ou moins près de son centre. A elle seule, cette condition dernière semblerait demander une rectitude relative et obligée dans la marche de tous les cercles interplanétaires anormaux. Devant la puissance, ici sans partage, de l'impulsion universelle, on ne saurait comprendre et admettre l'angle nécessaire que dessine à son point de contact avec le Soleil un cercle de l'ordre planétaire ou de l'ordre interplanétaire normal, angle dont un côté est établi par cette ligne de l'impulsion générale, et l'autre par celle que lui fait immédiatement dessiner la force centrifuge solaire à son point de contact, en le faisant dévier pour suivre ainsi la circonférence du soleil à son équateur. La grande série planétaire et ses intervalles normaux comportaient autant un orbite circulaire, que la série opposée ou anormale le comportait peu et demandait l'orbite elliptique.

De cette indépendance des comètes relativement au contact solaire résulte très-probablement ce fait extrêmement important : que leurs points de départ sont restés sensiblement les mêmes. Leurs orbites elliptiques, leurs existences n'ont pas compté pour elles du contact solaire qu'elles n'ont pas connu, mais bien et simplement de leur triangle d'extraction. De là, des points d'émission, des excentricités d'ellipse, des aphélies tout particuliers, très-différents pour les astres cométaires eux-mêmes, et qu'ils accusent et révèlent de nos jours encore par l'incommensurabilité de leur distance aphélie au Soleil. Reniées par le Soleil, les comètes ont largement hérité en ligne droite de ce qu'elles ont perdu en cercle.

Si le cercle cométaire n'a pu suivre qu'une ligne plus ou moins droite, ligne qui voulait passer par les pôles du Soleil, c'est, supposerons-nous encore, par une raison de conservation. Il était urgent pour la préservation d'un astre de conditions vitales aussi précaires de lui faire éviter le tourbillon dangereux de tous ces mondes en formation. Au milieu des circonvolutions de la matière-mère, d'orbites encore mal définis, d'astres au noyau déjà plus ou moins développé, au milieu d'attractions et de répulsions nombreuses, un cercle aussi fragile, à marche droite particulière comme la comète, eût rencontré à chaque pas un écueil mobile pour l'anéantir. Le plus simple, le plus sage, était de l'écarter d'un tourbillon, fatal à coup sûr, pour l'y faire rentrer plus tard, l'ordre

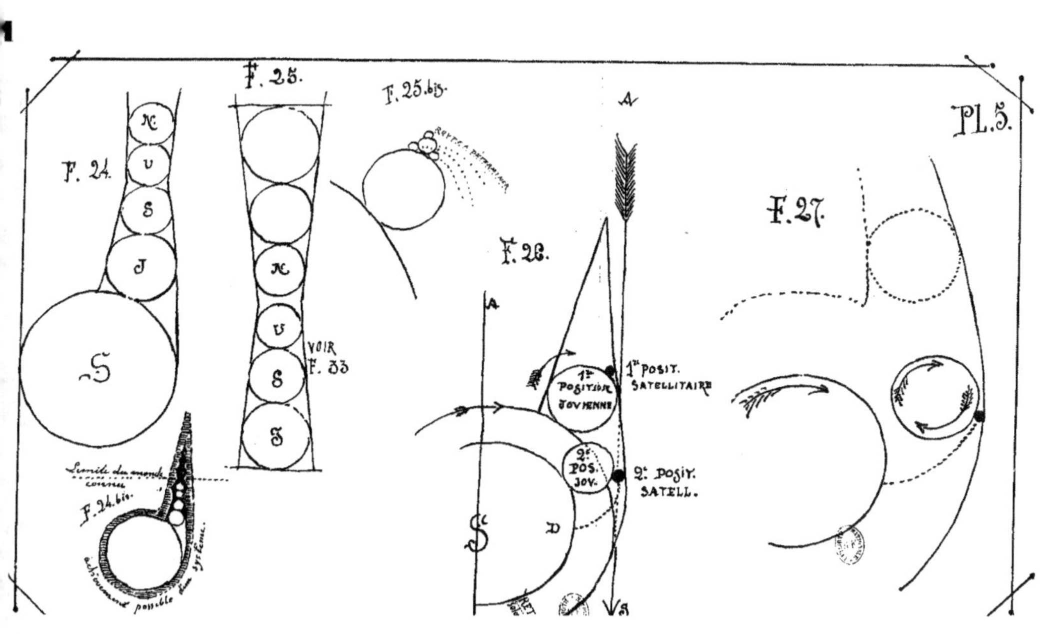

F. 24.
F. 25.
F. 25.bis.
PL. 5.
F. 26.
F. 27.
N
U
S
J
S
F. 24.bis.
Limite du monde connu
achèvement possible du système
N
U
S
S
VOIR F. 33
Retour périodique
A
A
1er POSITION JOVIENNE
1re POSIT. SATELLITAIRE
2e POS. JOV.
2e POSIT. SATELL.
S
D
S

ét[illegible]
qu[illegible]

ce[illegible]
à [illegible]
re[illegible]
mo[illegible]
ou[illegible]
pa[illegible]
dé[illegible]
qu[illegible]
l'a[illegible]
de [illegible]

qu[illegible]
l'e[illegible]
lo[illegible]
co[illegible]
la [illegible]
qu[illegible]
à [illegible]
le [illegible]
n[illegible]
m[illegible]
S[illegible]
l'é[illegible]
li[illegible]
d [illegible]
v [illegible]

ce[illegible]
de [illegible]
il e[illegible]

établi et y prendre le rôle ponctuel et régulateur qu'il semble remplir dans la nature.

Le premier effet de la force d'impulsion dut être certainement de faire parcourir à la comète une route à peu près droite; mais aux approches de la circonférence solaire, la répulsion qui émanait de celle-ci modifia cet itinéraire et le changea en une ligne plus ou moins courbe. Une partie de la ligne droite, une partie de la force due à l'impulsion universelle furent dépensées en courbure par cette répulsion solaire qui, en l'isolant, devait rapprocher forcément ainsi l'astre du Soleil même, en créant un périhélie qu'il devait depuis toujours observer.

C'est, du reste, probablement au périhélie surtout que se forme le noyau cométaire, par le moyen de l'enveloppement et que, par conséquent, se développent en même temps son attraction avec sa concentration. Ce noyau gagne autant à parcourir la demi-circonférence du soleil à son périhélie, qu'à parcourir son immense distance aphélie, c'est-à-dire à retourner vers son point de départ. Que le lecteur ne perde pas de vue que nous avons devant nous un astre sans rotation, et que la matière cosmique de son appendice, toujours à l'opposite du Soleil, tend en tournant autour de son noyau à l'envelopper ainsi d'une façon très-lente et particulière, mais qui semble la conséquence raisonnable de ce que l'on pense devoir être et de ce que l'on voit (1). Mais ce périhélie, expression de la répulsion

(1) Que l'on comprenne (Fig. 28) un orbite cométaire elliptique, le cercle C qui le parcourt et qui représente les quatre phases principales de la période étant, comme nous le pensons, considéré comme immobile, il en doit résulter que la queue cométaire, étant toujours à l'opposite du

à laquelle le cercle cométaire obéissait, n'eut probablement pas de suite la courbe resserrée autour du Soleil que nous lui connaissons de nos jours. Ce n'est qu'à la suite des temps qu'il put l'acquérir, à mesure que, sous l'effet des retours, le noyau accru et devenu dans une certaine mesure attractif se vit autorisé à se rapprocher du Soleil, lui-même réduit.

C'est ainsi qu'à chaque période le périhélie a resserré sa courbe autour du globe solaire, qu'elle la resserre encore de nos jours manifestement dans certaines comètes, en rapprochant graduellement le point de retour au Soleil, tandis que le point aphélie reste, peut-on penser, dans une stabilité relative, ou du moins se montre moins sensiblement variable.

Il découlerait donc de ce qui précède que la comète accuserait, plus ou moins encore de nos jours, la forme lenticulaire du cercle solaire jointe à sa force de répulsion. Par l'excentricité de son orbite elliptique, elle révèlerait encore la distance primitive et encore bien immense du point d'origine de sa gravitation, point en tout différent de celui des planètes et des satellites; nous reviendrons à la fin de ce chapitre sur ces différences d'excentricités dans les orbites cométaires et sur leurs conséquences.

Voilà donc, selon nous, où résiderait la cause de l'excentricité des orbites cométaires, et en même temps de leurs inclinaisons particulières sur l'équateur solaire; mais il nous reste encore une dernière anomalie à expliquer dans les comètes, la plus étonnante de toutes et certainement, à première vue, la

Soleil, elle fera le tour complet du noyau dans une complète révolution. C'est ainsi que le point fixe **1** se trouve sur la figure à des distances variables du point d'attache de l'appendice cosmique à assimiler.

plus rebelle à l'explication. Nous voulons parler de cette faculté rétrograde, extraordinaire dans leur marche, qui contredit l'ordre et l'ensemble si bien observés dans tous les corps planétaires connus jusqu'ici et sans exception. Le mystère de cette marche en sens inverse d'un grand nombre de comètes est cependant, nous paraît-il, bien facile à éclaircir. Le lecteur se rangera probablement de notre avis, s'il veut nous accorder un instant d'attention.

Supposons devant nous un cercle figurant l'orbite ordinaire d'une planète (Fig. 29); coupons ce cercle en deux par une ligne L passant par le centre et figurant l'orbite à inclinaison extrême de quatre-vingt-dix degrés, que peut atteindre une comète sur le plan de l'équateur solaire, plan que nous savons être à peu près celui des orbites planétaires. Il n'est pas difficile, dès lors, de se pénétrer d'une chose : c'est que pour être directe ou rétrograde, il suffit que la comète, cet astre impressionnable et soumis à toutes les influences planétaires qui l'avoisinent et l'entourent, dépasse simplement, à un moment voulu, l'un ou l'autre côté de cette ligne. La rétrogradation doit exister pour un grand nombre de comètes. Si ces astres ne se trouvaient ainsi souvent rétrograder, l'étonnement aurait lieu certainement d'être motivé, étant donné d'une part leur mode primitif de gravitation, et d'autre part les attractions, et surtout les répulsions manifestes qu'ils éprouvent de la part des planètes qu'ils approchent parfois à de faibles distances, et la faiblesse de résistance qu'ils ont à opposer.

Il n'est pas nécessaire, en effet, pour accuser le caractère de la marche directe ou rétrograde d'une comète, que celle-ci couche absolument son orbite sur le plan de l'équateur solaire. La moindre déviation à ce que nous appelons la marche primitive, polaire si l'on veut, d'une comète, marche qui comporte les quatre-vingt-dix degrés sur l'équateur solaire, suffit pour valoir à la marche de cet astre l'une ou l'autre dénomination. Cette marche peut même rapidement varier dans le même astre, selon les influences planétaires qu'il traverse, ses différentes péripéties, et ne saurait certainement être que temporairement le privilége de telle ou telle comète.

L'observation nous montre en effet des comètes qui, comme celle de Halley, par exemple, se montrent directes dans une période pour se montrer rétrogrades dans la période suivante. Bien d'autres exemples pourraient être cités à l'appui de ce que nous avançons, et ils pourraient tendre à prouver que la marche directe ou rétrograde dépend simplement de l'impressionnabilité de l'astre sous les influences planétaires diverses, et des péripéties de la période qu'il a eu à traverser.

Supposons (Fig. 30) que la flèche courbée F indique le sens de la marche commune à toutes les planètes. Qu'une influence appelle la comète en A, elle sera donc directe; qu'une influence contraire l'appelle en Z, la comète deviendra forcément, naturellement rétrograde pour l'observateur, puisqu'elle ira dans un sens contraire à celui de tous les autres corps célestes. De la multiplicité des rencontres qui décident de la direction de la marche cométaire, doivent résulter pour l'astre des différences possibles dans ses temps de parcours, selon les torsions imposées à sa ligne d'orbite.

Tout ce que nous avons dit sur les comètes, à propos de l'intervalle 21 situé entre Neptune et Uranus, est en tout applicable aux intervalles cométaires qui nous restent à sonder. Le triangle 23 situé entre Uranus et Saturne a déjà été précédemment l'objet de notre examen et ne nous offre plus rien à développer. L'intervalle compris entre Saturne et Jupiter ne demande pas, que nous sachions, d'examen spécial ; les éléments qui le remplissent devant être identiquement pareils à ceux du premier intervalle cométaire sur lequel nous nous sommes étendu. Constatons seulement en lui, pour ces éléments, un nouveau point de départ différent de l'intervalle Urano-Neptunien.

Le dernier intervalle anormal nous reste entre le Soleil et Jupiter. Cet intervalle, quoique plus rapproché du Soleil que les autres, n'a dû cependant en recevoir d'autre privilége qu'un orbite plus rapproché, moins excentrique par conséquent. La grande distance du triangle d'origine au Soleil n'existant pas ici, la ligne droite qui la faisait franchir, sous l'effet de l'impulsion générale, ne se fait plus sentir dans la courbure de l'ellipse ; mais la difficulté matérielle, mécanique de la gravitation par l'équateur solaire est ici toujours la même que pour les autres intervalles anormaux. C'est bien un intervalle cométaire que nous avons devant nos yeux, intervalle dont les divisions plus ou moins matérialisées gravitent sans les quitter au travers des orbes des planètes, et qui doivent, vu leur courte période, rentrer le plus tôt dans les conditions finales que le Créateur semble avoir imposées à leur existence.

En considérant ces triangles cométaires 24, 25 et

27, nous avons déjà été convaincu que leurs points de projection divers ont dû amener des différences considérables dans l'excentricité des orbites des comètes. Diverses espèces d'orbites semblent donc rigoureusement nécessaires dans les comètes pour légitimer ces différences dans les points de départ.

La nature répond affirmativement à la demande faite à cet égard. Il existe, en effet, trois sortes d'orbites très-distincts : Premièrement, les orbites à courte période, ou orbites elliptiques, tels que ceux des comètes d'Enke, de Vico, de Gambart, de d'Arest, de Faye, de Méchain, de Halley, etc., dont les durées de révolutions sont de trois, cinq, six, sept, treize et soixante-seize années. Deuxièmement, les orbites paraboliques dont la courbe au périhélie fait concevoir, par l'éloignement des branches, un retour extrêmement éloigné. Troisièmement, les orbites hyperboliques dont les branches de plus en plus éloignées semblent ne pouvoir laisser admettre de retour possible, quoiqu'il paraisse certain que certaines comètes se meuvent dans ce genre d'orbites.

La distance extrême des points de projection semble devoir lever le voile sur ces courbes mystérieuses des orbites cométaires au périhélie. En effet, si ces comètes éloignées, dont les rares retours font supposer une matérialisation peu avancée, ont conservé le tracé primitif que les conditions de naissance leur ont assigné, le point de leur aphélie, loin d'offrir cette divergence dans les branches, doit offrir, au contraire, le spectacle d'un angle plus ou moins aigu dans ces mêmes branches aux tendances alors rentrantes. Les courbes, en un mot, peuvent, doivent, dirons-nous, n'être pas les mêmes au point aphélie

comme au point périhélie que nous connaissons seul.
Tout semble le demander, et la ligne plus ou moins
droite du départ primitif à l'aphélie, et la répulsion
solaire qui, aux abords du point périhélie, en distend
encore les branches au point prodigieux, mais seulement, croyons-nous, temporaire, que nous connaissons.

L'impossibilité apparente des lignes hyperboliques
périhélies ne vient que de l'erreur, disons ne vient
que de la tendance naturelle à croire que ces lignes
se reproduisent à l'infini. Cette impossibilité même
du prolongement des branches de l'hyperbole, si
l'on veut supposer un retour, exige aussi et absolument une modification dans ce prolongement ; or,
comme le point aphélie de cet orbite hyperbolique
doit être de beaucoup plus éloigné encore de l'axe
solaire, que le plus grand diamètre, quel qu'il soit, de
l'hyperbole au périhélie, il en résulte que l'ensemble
de ce genre d'orbite cométaire doit être une ellipse
particulière à deux extrémités fort inégales ou la
largeur du diamètre périhélie est de beaucoup supérieure à celle du diamètre aphélie (Fig. 32). Que l'on
donne au cercle solaire, au milieu de ce genre d'ellipse, sa place naturellement indiquée, l'on obtiendra
pour la comète la superposition d'un point d'origine
extrêmement éloigné sur sa circonférence. La nature
révèle, trahit ici par le pli même de son voile cette
réalité lointaine des points d'origine des comètes. La
théorie qui établit d'abord une ligne droite dans
l'itinéraire de la comète, suivie plus tard d'une déviation considérable due au pouvoir répulsif du Soleil,
semble demander l'état de choses que nous soupçonnons et que nous fait entrevoir la nature. D'un

autre côté, la divergence extrême des branches de l'hyperbole à son périhélie, en montrant elle-même l'invraisemblance du prolongement de ces branches, établit ainsi leur retour forcé vers un point aphélie incommensurable, et fait ainsi dessiner à l'appui de la théorie une ellipse immense, obtuse au périhélie, aiguë à l'aphélie.

Le mystère des dimensions primitives du cercle solaire pourrait bien être éclairci tôt ou tard par un mathématicien studieux et hardi. Les satellites par les rapports de leurs orbites, par le calcul des réductions solaire et planétaire, etc., pourraient donner une idée approximative de l'équateur primitif de ce grand astre, tandis que L'orbite cométaire, chaque jour il est vrai réduit, peut néanmoins plus ou moins heureusement en donner une autre sur la largeur primitive de l'astre aux pôles, déductions faites du pouvoir répulsif qui en isolait les cercles cométaires.

Peut-être encore plus tard, dans l'étude de ces courbes étonnantes des comètes, découvrira-t-on des raisons d'extensions d'orbites, extensions mesurées qui aideront à trouver s'il n'y a pas de nos jours encore des corps planétaires, dont les comètes retournent traverser à leur aphélie les orbites inconnus.

Pour nous, il n'est rien peut-être où se révèle autant le génie du Créateur comme dans ces comètes et leurs orbites. Quand on songe aux mille périls que doivent courir ces astres fragiles au milieu d'influences funestes si elles étaient trop ressenties ; quand on est persuadé même que leur rôle, au lieu d'être simplement passif comme par leur fragilité même on pourrait le supposer, est, au contraire, dans sa mesure, actif, et que la comète est un régulateur pour la marche des planètes ; quand on est convaincu enfin que cette utilité présente n'est encore que passagère, seulement pour le temps nécessaire à leur formation, leur constitution solide et en attendant un but définitif auprès du Soleil, on a devant cette distance, malgré tout infailliblement accomplie, ces péripéties sans nombre éternellement évitées, l'esprit vraiment pénétré d'une immense admiration.

Il doit y avoir bien haut, dans un observatoire inconnu, un catalogue dressé pour des millions d'années, où sont mentionnées à l'avance toutes les périodes, attractions, répulsions, déviations, toutes les phases critiques qui mettent à chaque instant en jeu l'existence de la comète sans l'anéantir jamais, et dont, au contraire, cet astre semble se faire lui-même, dans sa mission, un jeu éternel.

Mais nous avons fait ici notre tour du monde. Le lecteur qui a bien voulu nous y accompagner a dû remarquer que nous avons utilisé tous ces nœuds de compression, appelés plus tard planètes, et tous leurs intervalles satellitaires, cométaires, sans qu'aucune lacune s'y soit produite. Si la carte universelle, que du reste nous considérons comme dressée en quelque sorte par la nature, a répondu à tous les phénomènes planétaires, de leur côté ces phénomènes sont venus répondre aux demandes de cette carte théorique.

Car la charpente elle-même dans laquelle nous plaçons les planètes en formation, véritable colonne de compression, n'est pas établie par nous, mais par la nature qui nous l'a fait concevoir à chaque instant dans le spectacle des nébuleuses. Si l'on trouvait par hasard quelque bonheur dans cette théorie, c'est à elle qu'il en faut attribuer la cause. La multiplicité de cette figure de l'arc, intéressante, intriguant par son affectation même, devait bien, pensions-nous, avoir une raison cachée d'être. Pour nous, nous ne croyons pouvoir mieux l'expliquer que par les pages qui précèdent, pages que l'analogie, dégagée de toute prévention, nous a conduit à écrire. Si nous nous sommes trompé, nous en demandons pardon au lecteur. Nous avons fait en sorte de n'admettre aucun foyer de concentration, sans étendre sur lui le calibre de la nature, et c'est sur son adaptation seule que nous avons cru devoir en faire l'admission. Nous sommes convaincu en un mot de n'avoir admis aucune proposition sans être munie du contrôle de quelque raison, de quelque vérité. Si des entrées de faveur se sont produites à notre insu, c'est justice que d'en demander l'expulsion au lecteur.

CONSIDÉRATIONS GÉNÉRALES.

Tous les astres, planètes, satellites que nous qualifions ici d'équatoriaux, parce qu'ils contournent l'équateur solaire qui convertit par son contact une partie de leur mouvement en rotation, suivent dans l'orbite qui en résulte un plan à peu près commun, mais qui cependant s'écarte parfois sensiblement de celui de l'équateur solaire. Dans la théorie présente, nous ferons remarquer la nécessité de cette différence, vu la diversité des points d'origine, celle des forces de plus en plus décroissantes qui chassaient les cercles et qui rencontraient des résistances diverses. Le lecteur n'a pas oublié que l'élan primitif de l'impulsion universelle a dû être amorti par les temps demandés par les cercles planétaires pour leurs contacts nécessaires avec le grand cercle principal, seuil de la vie planétaire.

De ces différences de contacts solaires, de points d'origine, de forces, comme aussi probablement des profondeurs cosmiques dans lesquelles s'inscrivaient les cercles, ont dû résulter certainement des différences correspondantes et sensibles dans le plan des projections.

Il n'en devrait plus être de même, si nous faisions

partir, au contraire, toutes ces projections d'un centre unique, du Soleil. Cette unité dans le point de départ semblerait demander une uniformité rigoureuse, un certain parallélisme obligé dans les plans des projections ; les différences deviennent alors plus difficiles à comprendre. Avec l'unité dans les départs, la diversité dans les plans orbitaires a lieu d'étonner. Avec la diversité de ces départs, les orbites semblent acquérir le droit limité de plans indépendants, et la marche rigoureusement uniforme aurait peut-être, au contraire, le droit de surprendre. Les mêmes observations peuvent s'appliquer aux inclinaisons des axes planétaires.

L'on sait que l'orbite d'une planète n'est pas parfaitement circulaire, mais légèrement elliptique. Ces ellipses affectées par les orbites planétaires offrent encore des degrés différents d'excentricité, que l'on peut attribuer à la force diversement conduite, enfrénée, qui régissait les cercles planétaires à leur point de contact avec la circonférence solaire. Nous n'appuyons pas sur cette cause possible. Cependant l'étude de ces différences d'excentricités pourrait peut-être amener de féconds résultats pour la constatation des points de contact, et aider à dresser un plan plus exact de la charpente universelle à l'époque de l'anté-gravitation, tout en faisant la part de l'attraction préexistante et possible de la constellation d'Hercule vers laquelle se dirige notre univers entier.

Jetons un coup d'œil rétrospectif sur ce monde nébuleux, dont nous pensons avoir exploité un type pour l'explication d'un jeu planétaire. Parmi les figures nombreuses quelles affectent, et outre celles arquées sur lesquelles nous venons d'opérer, les plus multipliées de toutes, il est des nébuleuses qui se présentent assez souvent à l'œil pour qu'on puisse les classer. Telles sont, par exemple, les nébuleuses de forme annulaire, les nébuleuses circulaires, les nébuleuses elliptiques, les nébuleuses dont l'éclat va croissant du centre aux bords; celles dont les bords et le centre n'offrent pas dans l'éclat de différence sensible; les nébuleuses spiralées; celles dont l'ensemble de la figure semble devoir échapper par leur bizarrerie à toute dénomination; les nébuleuses doubles; les nébuleuses à deux, trois points brillants de concentration. Il existe enfin des apparences nébuleuses, mais réductibles, sous l'effet d'instruments puissants, et qui montrent leur masse composée d'un grand nombre d'étoiles distinctes. Ces dernières apparences ont reçu le nom d'amas d'étoiles et sont loin de devoir être confondues avec la nébuleuse proprement dite.

Les nébuleuses informes, composées à la fois de croissants, d'arcs, de points circulaires plus ou moins brillants, de centres, au contraire, plus ou moins obscurs, etc., etc., ne sont pas pour nous des nébuleuses proprement dites, mais des amas nébuleux, des mers de matière cosmique contenant çà et là des nébuleuses à leur première période, à leur état plus ou moins rudimentaire. Telle est, par exemple, la nébuleuse de la Dorade.

C'est dans ces amas informes qu'il faut chercher les divers degrés d'avancement des nébuleuses, et dans leurs milieux capricieux et bizarres qu'il faut chercher les différents modes d'association dont les nébuleuses proprement dites sont susceptibles.

Les nébuleuses dites annulaires doivent être un des types le plus souvent extraits des amas nébuleux, mais doivent elles-mêmes être formées souvent de plusieurs, parfois d'un nombre infini de nébuleuses liées, associées entre elles. En effet, dans un grand amas de matière cosmique, animé de la répulsion moléculaire, la forme annulaire doit être une des plus communes. La même raison, qui fait dans une masse douée de la vertu attractive se précipiter les molécules vers un centre commun, produira l'effet contraire dans une masse dont les molécules seront animées de la force répulsive. Ces molécules devront naturellement fuir du centre vers les bords, et donner par leur ensemble la figure d'une couronne au centre plus ou moins vide. C'est ce qui arrive et se constate souvent dans les amas nébuleux, et c'est le spectacle que doit offrir, du fond de l'immensité, la couronne dite Voie Lactée, à laquelle nous appartenons et dont nous ne sommes qu'un petit résidu central délaissé par des circonférences fuyantes.

C'est dans cet état annulaire de la matière cosmique que la nature à surpris et matérialisé les milliards de milliards de cercles, de systèmes qui composent encore aujourd'hui la Voie Lactée plus ou moins formée, mais dans un temps en pleine effervescence de formation.

Les nébuleuses annulaires ne sont donc elles-mêmes le plus souvent et très-probablement que des amas ou parties d'amas nébuleux, dans lesquels l'œil peut souvent distinguer les traces évidentes de ces arcs dans lesquels un travail persistant nous a donné à penser et à voir des colonnes de compression nébuleuses alors proprement dites, selon l'acception la plus simple du mot, et berceaux de tous les systèmes planétaires simples. Certains amas nébuleux annulaires, fragments d'une de ces mers de fluide cosmique susceptibles de toutes les formes, se montrent littéralement hérissées d'arcs cosmiques fort visibles. Des anneaux nébuleux sont quelquefois encore décomposés seulement en deux ou trois arcs, qui ne donnent que deux ou trois systèmes simples.

Mais il se peut, ainsi que nous l'avons fait entrevoir au commencement de ce livre, que plusieurs arcs planétaires se trouvent liés, soudés à leur base dans un point d'appui commun, dans un caprice d'origine, et que confondant leurs éléments ils les fassent jouer dans un même système, alors devenu composé et régi par des lois particulières. De là probablement des figures nébuleuses annulaires à plusieurs points brillants régulièrement disposés, et plus tard peut-être des étoiles doubles.

Les nébuleuses dites doubles pourraient bien n'être que des nébuleuses simples, arrivées à certain degré de formation et simplement rapprochées par des caprices d'origines. On ne saurait affirmer cependant que ces voisinages ne fassent naître ou n'aient fait naître des relations d'attraction entre leurs mondes.

Les nébuleuses elliptiques peuvent être ou des nébuleuses que l'œil ne sonde pas perpendiculairement au plan des orbites que parcourent leurs éléments, c'est-à-dire, en un mot, ne voit qu'obliquement; ou quelquefois encore être des nébuleuses dont la forme elliptique est due à des traînées cométaires que nous savons devoir allonger considérablement les axes des orbites du système. Nous avons cru devoir dire que les comètes, lors de leur première période périhélée, doivent passer à une distance encore énorme du Soleil, distance balançant presque celle de leur immense aphélie.

Les nébuleuses elliptiques sembleraient dans certains cas pouvoir n'être que des nébuleuses simples, renfermant un système simple, dont le point lumineux central indique l'état d'avancement matériel.

- Les nébuleuses spiralées ne sont, pensons-nous, que des nébuleuses simples ou composées surprises à certain degré de leur travail de concentration. Des lambeaux vagues de matière-mère, restant de l'enveloppe de la colonne de compression, se trahissent encore comme dans la nébuleuse des chiens de chasse de Willams Ross, et forment même le milieu dans lequel s'établit le phénomène de la gravitation naissante.

Un point central énorme, entouré de points moins volumineux et entre lesquels doit s'établir insensiblement l'harmonie des révolutions due à la combinaison de la force centrifuge et de la force centripète acquises, s'aperçoit au milieu du voile spiralé de ce que nous croyons être la matière-mère.

Nous avons signalé au-dessous de cette nébuleuse une autre plus petite, peut-être plus éloignée, semblant jouir, malgré sa proximité de la première, d'une existence indépendante et d'un degré d'avancement moindres. La forme de l'arc s'y trouve amplement représentée, attachée sur un noyau circulaire. Il est bon d'y observer qu'une ligne médiane, traversant cet arc dans sa longueur, s'y trouve passer obliquement, c'est-à-dire à une distance très-marquée du centre de la sphère embrasée. Cet arc subsistant n'est toujours ici que la matière-mère. Le milieu renfermant les cercles inscrits, l'ovaire planétaire y est dissimulé et plus ou moins sur le point d'être précipité par le canal dont nous avons parlé.

Un des grands obstacles à l'observation de l'ovaire lui-même doit être avec sa petitesse, avec l'opacité plus ou moins grande de l'enveloppe, la rapidité extrême avec laquelle son travail s'accomplit. Peut-être quelque spéculateur sera-t-il assez heureux pour surprendre la nature sur le fait. Nous sommes loin de prétendre que tous les systèmes dérivants soient identiquement pareils au nôtre; mais nous pensons cependant que dans la généralité des systèmes gravitant dans l'univers, on doit retrouver, en examinant les éléments qui les composent, les assises nécessaires pour reconstituer une colonne planétaire plus ou moins semblable à celle qui a dû être la nôtre. Malgré les différences dans les inclinaisons des arcs nébuleux sur les circonférences solaires, d'où peuvent provenir des différences ultérieures dans les résultats planétaires, nous pensons qu'une même et nécessaire raison doit produire partout des effets comparables, sinon absolument identiques. Mais il existe des nébuleuses difficiles à comprendre, nous semble-t-il, qui peuvent porter dans leur sein, sous l'effet de conditions d'origine exceptionnelles, des mondes qui s'écartent des règles générales que nous avons essayé d'esquisser.

Tous ces corps célestes en formation donnent par cette formation même l'idée de leur fin obligée. La naissance veut, appelle l'accroissement, la perfection, et celles-ci demandent à leur tour l'anéantissement.

Toute ligne comportant une extrémité en fait supposer une autre ; la naissance impose la terminaison. Les astres comme la Lune, silencieuse et refroidie, semblent bien apporter une confirmation superflue à cette certitude.

Mais, ceci admis, que deviennent les mondes, les systèmes usés ? où vont-ils ? et, s'ils ont un but fixé, attendent-ils qu'ils soient complétement frappés d'impuissance pour s'y diriger ?

L'astronomie nous apprend que notre système entier s'achemine à raison de deux cent trente-neuf millions quatre cent cinquante mille kilomètres par année vers un amas d'étoiles nommée constellation d'Hercule (1) qui semble l'attirer à lui. Serait-ce donc le propre de ces amas d'étoiles formées d'attirer à eux les mondes en activité ? Dans quel but ? Ces amas sont-ils le but commun des mondes éteints ou près de l'être, appelés à un nouveau travail ? L'attraction semblant devoir se développer avec les progrès, l'antériorité de la matérialisation est-elle en effet plus puissante dans les astres achevés, et leur agglomération forme-t-elle un foyer attractif capable d'agir à travers ce qu'il nous est donné de voir et de concevoir de l'immensité ? Les astres courent-ils se ranger sous des lois inconnues à une sorte de cristallisation

(1) Après une discussion approfondie des mouvements d'un grand nombre d'étoiles due à W. Herschell et aux astronomes contemporains Argelander, O. Struve et Peters, ces savants sont arrivés à la conclusion suivante : Le mouvement du système solaire dans l'espace est dirigé vers un point de la voûte céleste situé sur la ligne droite qui joint les étoiles de troisième grandeur π et μ d'Hercule, à un quart de la distance apparente de ces étoiles, à partir de l'étoile π. La vitesse de ce mouvement est telle, que le Soleil, avec tous les corps qui en dépendent, avance annuellement dans la direction indiquée de mille six cent vingt-trois fois le rayon de l'orbite terrestre.

immobile, contraire de la période de mouvement qu'ils viennent de traverser, et tout ce mouvement de révolution lui-même n'est-il qu'un passage nécessaire à la perfection des astres, qu'une préparation à cette cristallisation symétrique ou confuse que l'analogie nous porte malgré nous à concevoir? D'un autre côté, les astres en révolution représentent-ils les molécules d'une masse en effervescence, qui n'attendent que les conditions nécessaires pour produire ces agglomérations savamment régulières, qui font sous leurs yeux l'admiration des savants? Toutes ces demandes ne sont pas sans provoquer un peu d'étonnement; mais tout ce qu'on est le plus fondé à penser, c'est qu'il ne doit y avoir rien de perdu dans la nature. Les vieux astres, les vieux systèmes vont traverser une nouvelle période qui en utilisera la matière pour une nouvelle existence, qui aura elle-même fin, puisqu'elle a eu commencement.

Quelle que soit la réalité de ces décompositions et recompositions, nous ne sommes encore assez savants pour les affirmer ou les rejeter. Nul n'est assez fondé par son savoir pour prouver que tout notre univers entrevu ne fait pas partie d'une masse en travail, sous l'œil du grand chimiste. Ce que nous voyons le plus s'affirmer et s'affermir, c'est l'idée d'une Intelligence créatrice, d'une immense puissance au-dessus de notre conception. Plus on étudie l'ouvrage, plus on est porté à reconnaître l'ouvrier. Mais nos sens sont trop bornés, trop misérables, pour donner à cette Intelligence toute l'admiration qu'elle demande. Pour admirer il faut connaître; nous ne connaîtrons jamais assez. On ne saurait nous faire un crime de chercher à approfondir l'œuvre du Créateur. Aux personnes qui ressentiraient de la tristesse à lire ce pauvre essai, nous dirons que nous croyons que l'œuvre de Dieu ne saurait jamais perdre à l'examen. Bien au contraire, en admettant cet examen judicieux (ce que nous n'affirmons pas, en ce qui nous concerne), nous pensons fermement que l'œuvre divine n'y pourrait que gagner aux yeux indifférents. Qu'on nous permette de citer pour notre défense cette phrase d'un philosophe : « Dieu ne donna la raison à l'homme que pour qu'il soumît tout à lui-même et à son examen. » Et cette autre d'un grand homme, saint Augustin : « Dieu, en donnant l'intelligence à l'homme, lui a permis et lui a même imposé de méditer les pages sublimes de ses œuvres. »

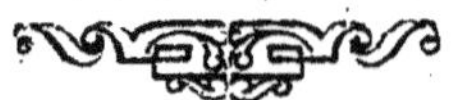

LA TERRE.

LA TERRE.

« Tout a sa signification dans l'œuvre complexe
« des agents que la nature emploie à la surface
« de notre globe : le vent, la pluie, la vapeur, les
« nuages, les marées, les courants, les profondeurs
« de la mer, sa température, sa couleur, sa salure,
« la température de l'air, la forme et la teinte des
« nuages, la hauteur des arbres, l'éclat de leurs
« fleurs, tous ces éléments constituent le langage
« au moyen duquel la nature nous manifeste ses
« lois. »

(E. **Maury**, officier de la marine américaine.)

Nous avons assisté à la naissance de l'astre, et vu l'origine de son mouvement, la cause de son développement. Nous allons prendre maintenant en particulier celui sur lequel il nous a été donné d'acquérir le plus de connaissances, celui que nous habitons. Nous allons le sonder aussi avant qu'il nous sera possible, essayer d'en tirer des confirmations pour les pages qui précèdent, et voir en même temps si de ces mêmes pages il ne découlera pas quelque vérité à utiliser au profit de celles qui vont suivre.

Lorsque, sous la puissance refoulante de la colonne planétaire, s'opéra le triple phénomène de la rotation, de la concentration et de la révolution de la matière cosmique, les rayons spiralés de cette matière dépo-

sèrent autour d'un noyau naissant (1), qu'ils solli-
citaient en même temps au mouvement, les molécules
dont ils étaient composés. Cet entassement concen-
trique de la matière forme, pensons-nous et avons-
nous précédemment dit, le noyau plein et très-solide
de notre globe terrestre.

Les énergies différentes de compression exercées
par la nature sur ces couches, ces roches secrètes et
anté-géologiques en modifièrent beaucoup la nature.
L'analogie nous porte à supposer ces nombreuses et
différentes couches devoir être de même nature que
ces corps amenés la plupart du temps par la voie
particulière des filons à la surface de la terre, corps
dits et reconnus simples par la chimie et connus sous
le nom de métaux. Ces corps simples révèlent, en
effet, s'ils ont une même provenance naturelle, des
conditions cependant différentes d'origine. Les propriétés en sont fort différentes ; la science les a
étudiées sur les échantillons qu'il lui a été donné
de connaître. Conformément ici au spectacle que la
nature nous offre le plus souvent à sa surface, les
corps légers sur les plus lourds ; roches granitiques,
liquides, fluides aériens, nous pouvons croire dans
les couches profondes une densité proportionnelle à
l'antériorité, c'est-à-dire très-probablement à ces
profondeurs et aux compressions supportées.

Nous avons lieu de penser le globe, formé par le
mécanisme de la spirale, plein de son centre à sa surface de la matière cosmique du cercle dont il représente, résume la masse dans son volume réduit.
Notons en passant que nous entrons en accord singu-

(1) Noyau formé par la basse même de la spirale.

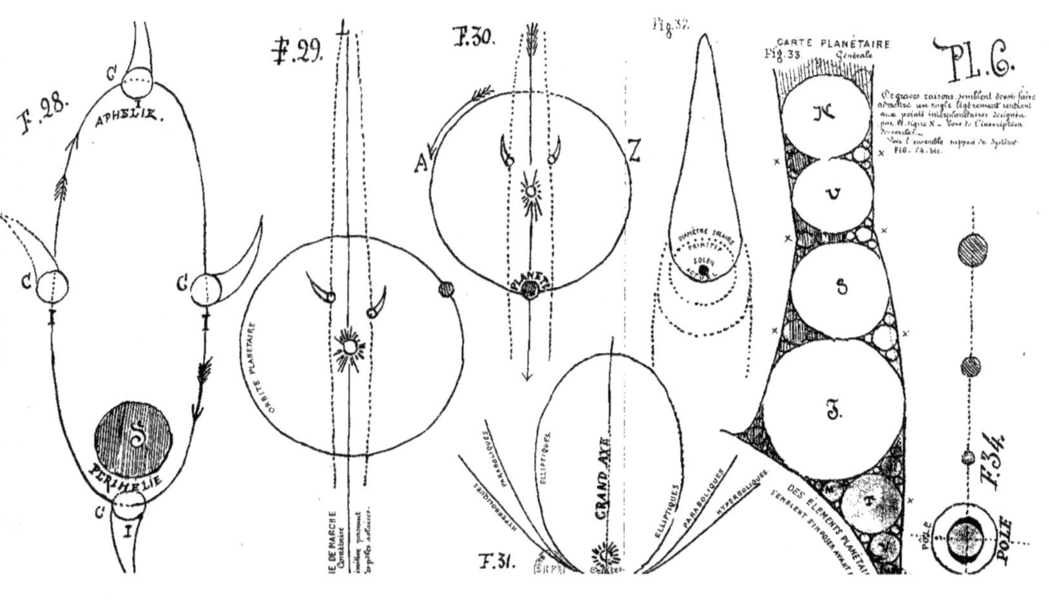
F. 28.
APHÉLIE
PÉRIHÉLIE
F. 29.
ORBITE PLANÉTAIRE
F. 30.
A
Z
PLANÈTE
Fig. 32.
DIAMÈTRE SOLAIRE PRIMITIF
SOLEIL
CARTE PLANÉTAIRE
Fig. 33. Générale
Pl. 6.
GRAND AXE
F. 31.
HYPERBOLIQUES
PARABOLIQUES
ELLIPTIQUES
ELLIPTIQUES
PARABOLIQUES
HYPERBOLIQUES
DES ÉLÉMENTS PLANÉTAIRES
SEMBLENT S'IMPOSER AVANT
N
V
S
J
PÔLE
PÔLE
F. 34.

lier ici avec le sentiment général des physiciens, qui demandent la terre plus lourde que les calculs ne la donnent. La théorie de la spirale pour la concentration de la matière, si elle est admise, demande la massiveté du globe, et l'opinion de la physique ajoute une force extrême à cette tendance à la massiveté.

Mais, si comme nous l'avons déjà dit, la matière incorporée autour du noyau ne peut offrir dans toutes ses parties une masse parfaitement homogène, si des différences de densités, de ténacité peut-être répondent à l'intérieur à des différences de pressions extérieures, là n'est pas le seul effet de ces pressions différentes.

Lorsque après le contact solaire, le cercle planétaire fut lancé dans l'orbite encore non fermé ou spirale, partage de la gravitation dans cette période, en emportant dans son sein cette autre spirale imprimée à ses rayons, il était nécessaire que le centre, appelé à s'assimiler par l'enveloppement la matière fluide qui l'entourait, conservât une immobilité de rotation relative, attendant en quelque sorte l'adhérence des couches concentriques en mouvement autour de sa circonférence. Ce ne fut que par la longueur des temps, sous les effets répétés, incessants des molécules assimilées et douées elles-mêmes d'une direction appelée à favoriser le mouvement du noyau, que ce noyau accru se vit participer d'une manière très-sensible à la rotation générale de la matière de son cercle. La concentration des cercles concentriques extérieurs qui composaient la circonférence de l'astre futur, n'avait plus besoin de cette énergie de pression, de cette densité par conséquent qui doit caractériser les couches fondamentales, et, partant, avait moins besoin de cette immobilité relative dont cette concentration profonde faisait une loi.

Le noyau assimilatif, devenu astre, n'a donc joui de toute sa vitesse rotative qu'avec l'aggrégation de la dernière molécule appelée à le compléter. Les différentes périodes de l'enveloppement, les formes acquises, accusées de la spirale, etc., pourraient probablement se lire dans la profondeur du globe, s'il était donné à l'homme de visiter ces roches secrètes de sa planète. L'étude approfondie des filons, leur situation, leur structure, comparées à la position du globe dans sa marche, récompenseraient peut-être l'investigateur.

Mais si des couches intérieures doivent porter la trace des moyens mécaniques employés par la nature, ce doivent certainement être celles qui ont servi de champ de lutte aux forces diverses qui s'y sont exercées et dont nous allons nous entretenir.

Nous avons reconnu au noyau naissant sous l'enlacement des spirales une immobilité relative, indispensable pour son accroissement. Il est évident que si les molécules se fussent rencontrées ou plutôt suivies partout avec des vitesses égales, leur adhérence eût trouvé là de grandes difficultés, sinon l'impossibilité.

La vitesse des molécules de la spirale, représentée, transformée de nos jours en rotation terrestre, donne tout lieu de croire que cette rotation n'a acquis son maximum qu'avec le concours apporté par la dernière molécule à assimiler. Dans l'application des couches spiralées successives, un effet qui semble obligatoire a donc dû être une sollicitation incessante à la vitesse de la part des couches récentes sur les couches antérieures.

Nous pensons donc pouvoir inférer et croire, comme première conséquence, que la partie superficielle du globe invitant le centre à une rotation plus rapide, cette invitation même n'est autre chose ici qu'une lutte permanente entre l'action provocatrice de l'enveloppe extérieure et l'inertie native du noyau intérieur. Deux masses animées de vitesses différentes et parcourant la même route, tendent à la parcourir par des temps différents. Le point précis où la lutte de ces deux forces s'est fait le plus sentir, est du domaine du calcul.

Mais le point important que l'on est conduit à inférer de cette situation, le lecteur l'a peut-être déjà saisi, car ce pourrait être la clef de bien des phénomènes inexpliqués, ce pourrait être l'électricité dévoilée à sa source, les tremblements de terre rendus dès lors nécessaires et réclamant l'explication présente comme plus large, plus en rapport avec la grandeur, l'universalité de ses effets connus. Ce que l'on est conduit à comprendre, en un mot, de ce qui précède, c'est une séparation encore inconnue, mais infiniment probable, nécessaire même entre la masse profonde jouissant de sa force d'inertie native et tendant à la conserver, et la masse superficielle jouissant de sa vitesse d'origine et tendant de son côté à la communiquer.

Aidons au lecteur par une comparaison simple. Une meule tourne avec une vitesse de dix tours à la minute ; autour de cette meule, adoptons, soudons une autre meule annulaire que nous animons d'une vitesse de cent tours à la minute. Si les deux mouvements s'accordaient, se confondaient dans une même vitesse, la juxtaposition des meules n'aurait besoin de s'adjoindre aucun artifice d'attache pour les réunir, puisque les parties se suivraient naturellement ; mais si, comme dans le cas précité, les vitesses sont dix fois plus grandes dans la meule annulaire ou extérieure que dans la meule intérieure figurant le noyau central, il en devra naturellement résulter un effort au point de suture des deux meules, une lutte entre la force provocatrice extérieure qui veut imposer le mouvement rapide et la force d'inertie de la meule intérieure qui s'oppose plus ou moins à ce mouvement. Une plus grande solidité sera nécessaire alors dans la fixation des meules. Un collage défectueux donnerait immédiatement la preuve de ce qui précède, en donnant lieu de voir la partie annulaire abandonner la partie centrale après avoir ébranlé plus ou moins la force d'inertie qu'elle lui opposait.

Notre conviction est que les parties qui composent notre globe se comportent vis-à-vis l'une de l'autre comme les parties de meule dont nous venons de parler. La Terre ne tourne pas sur elle-même d'une seule masse. Dans des temps immensément éloignés, les couches azoïques qui se déposaient à la surface du globe, pouvaient bien n'avoir d'autre mission que d'apporter leur masse ; mais, la sphéricité accomplie, le rayon terrestre parvenu à sa longueur connue, la séparation des parties était devenue nécessaire, la vie à la surface du globe, l'un des grands buts de la nature, le demandait ; nous ne tarderons pas à le comprendre bientôt.

En attendant, qu'on nous permette d'essayer d'établir qu'elle pouvait être à l'origine la forme de la masse terrestre.

Dans le commencement du travail de matérialisation, la longueur de l'axe polaire était probablement à peu près ce qu'il est de nos jours, c'est-à-dire qu'elle devait être énorme, comparée à celle de l'équateur naissant et tout entier à accroître. La longueur de l'axe polaire étant aussi considérable que celle du cercle lui-même, il devait en résulter, pour ce rudiment d'astre, une forme cylindrique, fusiforme extrêmement allongée (1). Cette forme devait donc tendre à être bien différente de la forme sphéroïdale de la Terre de nos jours. Mais la force centrifuge, déjà développée dans la matière, imposait déjà sa loi à cette masse dont elle prenait possession. De cette opposition entre la puissance accumulante et la force centrifuge dut naître la forme parfaitement sphérique, comme terme moyen entre la forme cylindrique exagérée et la forme de disque applati réclamée par la force centrifuge. La forme parfaitement sphérique ne devait pas être la forme définitive; elle devait être remplacée plus tard par la forme sphéroïdale de nos jours, c'est-à-dire légèrement applatie aux deux pôles; nous verrons par quels moyens.

Nous attaquons ici la théorie admise de la forme sphéroïdale conquise de suite sous l'effet de la force centrifuge et à l'état plastique. Nous croyons la Terre à cet état parfaitement sphérique et sa sphéroïdalité seulement acquise à l'état solide.

Qu'on veuille donc bien excuser notre hardiesse

(1) De là peut-être ces fuseaux nébuleux observés encore de nos jours.

devant une opinion toute contraire, généralement admise jusqu'ici ; mais nous avons déjà parlé d'une autorité considérable dans notre univers, et bien capable de jeter quelque jour sur la question, l'autorité du Soleil qui veut bien venir à notre camp et nous prêter son aide.

C'est sur elle que s'appuie beaucoup notre témérité. En effet, le grand corps céleste ne nous présente pas d'applatissement sensible à ses pôles, et vient au moins manifester, faire briller la possibilité de la sphéricité parfaite dans la conformation d'un astre. Comment nier l'assurance qu'il nous en offre?

Si, conformément à ce que nous présente la nature, les astres sont d'autant plus achevés, complets, que leur masse est plus faible, il nous faut conclure que notre globe, infiniment plus avancé, plus fini que l'astre solaire, ne dut l'applatissement de ses pôles qu'à ce plus grand état d'avancement, c'est-à-dire à sa perfection, à sa solidification même, et il nous faut conclure encore que le Soleil jouira à son tour de cette forme sphéroïdale commune à tous les astres, lorsque ce degré de perfection, de solidification le lui aura permis. Notre rôle planétaire sera probablement alors aussi modifié.

Trois points saillants se dégagent de tout ce qui précède. Premièrement, la massiveté du globe, conséquence obligée du mécanisme de la spirale que nous avons cru devoir reconnaître dans la nature, massiveté que réclame même la physique dans l'étude du mécanisme céleste. Deuxièmement, la sphéricité parfaite que de graves raisons nous amènent à reconnaître, en attendant d'autres raisons ultérieures. Dans l'état plastique, la Terre a dû admettre cette forme manifeste encore dans le plus grand modèle que puisse nous en offrir la nature, exemple précieux pris de nos jours sur le fait, et qu'une solidification plus complète viendra probablement enlever plus tard à la spéculation. Nous n'insistons pas davantage sur l'application de cette forme sur une matière façonnable encore aux lois de la force centrifuge, c'est-à-dire sur une matière que tout tend à nous faire croire encore sous l'effet d'une période d'effervescence primitive, telle que la Terre a certainement dû traverser. Nous acceptons cette sphéricité parfaite dans la terre d'autrefois et dans son état de plasticité comme terme moyen, juste milieu entre la forme cylindrique ou plutôt peut-être fusiforme imposée par la puissance accumulatrice et la forme discoïdale voulue par la force centrifuge. Troisièmement, enfin, un point se dégage encore de ce qui précède, la séparation des parties composant le globe, conséquence de la recrudescence de vitesse nécessaire à la masse pour son développement matériel, ou plutôt encore de l'extrême modération primitive de ce mouvement, modération nécessaire à l'accroissement du noyau. Donc, massiveté, sphéricité parfaite, division intérieure, sont les trois points intéressants qu'il importe de mettre en lumière.

Mais un globe plein, sphérique, ayant une tendance à la séparation des parties animées de vitesses inégales qui le constituent, est encore, nous paraît-il, impropre à la vie extérieure. Il se refuse à la création animale dont l'homme est le chef-d'œuvre, but semblant cher à la création et à lui seul peut-être une cause ou du moins une raison secrète de la division intérieure et nécessaire du globe terrestre. La sphéricité parfaite semble demander un recouvrement parfait des eaux sur toutes les parties du globe. La vie marine était par cela seule possible, et encore la variété des espèces modelées de nos jours sur et d'après les exigences de fonds variés, ne devait-elle être qu'en raison seule des différents degrés de latitude. — Tel n'était pas le but de l'Intelligence qui présidait certainement à ce grand travail. Aussi, quand furent couchés sur eux-mêmes tous les rayons spiralés; quand furent déposées dans les fondements secrets et insondables toutes les stratifications métalliques, puis plus tard à la superficie, les couches ou roches plutoniennes granitiques, porphyriques; quand furent déposées plus tard encore les couches appelées au métamorphisme dû aux phénomènes de la chaleur et des eaux, et enfin, les couches liquides et aériennes, tout n'était pas fini encore pour notre globe silencieux et en suspens.

Un dernier phénomène, nécessaire à la vie, à la surface, était imminent. Comment, en effet, comprendre la nature sans témoins animés pour en jouir et l'admirer? La vague, maîtresse partout, sans même un rocher pour en rompre la monotonie!

Mais le moment attendu arriva bientôt; l'espèce d'inquiétude qui régnait dans l'air fut expliquée. Ce calme primitif dissimulait le plus effroyable bouleversement, le plus épouvantable cataclysme qu'il soit donné à l'imagination humaine de se figurer. La convulsion, la souffrance semblaient déjà nécessaires pour préparer, faire naître la vie à la surface du globe.

La Terre allait se diviser à l'intérieur et se déchirer à la surface; une commotion qui eût infailli-

blement anéanti toute existence fit tressaillir le globe
entier. La séparation fondamentale qui menaçait
s'était opérée ; la partie extérieure avait abandonné
pour toujours le noyau intérieur qui formait dès lors
une sphère indépendante, et conservait, plus ou
moins altérée par les sollicitations de la calotte qui
l'entourait, une partie de sa lenteur de rotation native, de sa force d'inertie victorieuse.

A ce terrible phénomène de révolution intérieure
succéda, si elle ne fut pas instantanée avec lui, une
première conséquence encore plus terrible peut-être,
celle d'un contact entre les deux masses. Si le mouvement de rotation du globe se fût opéré sur un
même point fixe, c'est-à-dire si le globe eût été
stationnaire, sans mouvement de translation, il est
probable que la séparation eût eu lieu sans chocs
intérieurs, mais la terre était animée en plus de son
mouvement de translation circum-solaire.

Les deux parties indépendantes qui constituaient
désormais la Terre, lancées dans le sens de ce mouvement de révolution, et douées probablement, avons-
nous dit déjà, de densités différentes, se heurtèrent
dans leur marche encore mal assurée, mais prévue.
Un premier contact eut lieu, dont l'effet se trahit à
l'extérieur par l'énorme soulèvement d'un des continents ; puis, ainsi qu'il arrive toujours dans les
mouvements mécaniques analogues, un contre-coup
qui fit surgir un nouveau continent dans le sens
opposé au premier. Lequel des deux continents eut
le privilége de se voir soulever le premier ; nous
laissons aux géologues à élucider la question (1).

(1) Notons que par le mot soulèvement, nous n'entendons nullement
l'émersion qui n'eut lieu que plus tard par l'action répétée des chocs

Les deux contacts principaux attendus et nécessaires avaient eu lieu, ménageant ainsi pour le jeu
nouveau de la rotation souterraine un espace, un
isolement qui en assuraient la liberté et la durée, et
assuraient graduellement l'équilibre du globe. Le
monde géographique était ébauché, les montagnes,
les vallées, les fleuves, tous les phénomènes consé-
quents des niveaux différents se prêtaient ou plutôt
allaient se prêter désormais à la vie, à la variété des
espèces. Des chocs de moins en moins répétés et
redoutables achevèrent d'équilibrer la marche du
globe, et, tout en achevant le modelé extérieur, ne
devenaient plus en quelque sorte que des questions
de localités et d'achèvement qui ont laissé leurs
traces visibles. Des configurations géographiques
infinies, propres à mille manières de vivre, don-
nèrent lieu d'être à des milliers de types dont la
forme accusait ces manières différentes, et les nuages,
apportant partout la vie avec l'humidité nécessaire
pour la sustenter, et ne faisant plus un charriage
stérile des eaux vaporisées, avaient désormais une
raison d'exister et de faire exister.

C'est ainsi, croyons-nous, que se forma, se modela
la géographie terrestre, le globe à l'état parfaitement
solide (2). La sphéricité parfaite dut alors céder la
place à la forme sphéroïdale ou légèrement renflée à
l'équateur, et applatie aux pôles des corps célestes
achevés, appelés à abriter plus ou moins prochai-

derniers intérieurs. L'émersion n'eut lieu probablement qu'après les
dépôts des roches inférieures primaires pour la plus grande partie des
surfaces continentales.

(2) Notons que ces phénomènes laissent à croire s'être accompli sur
le globe, celui-ci possédant encore une chaleur considérable. Le
métamorphisme des roches l'atteste.

nement la vie sous toutes ses formes. L'équateur bénéficiait ainsi des soulèvements considérables dus à la distension de la voûte intérieure. Les pôles superficiels ne durent pas varier beaucoup, ne durent guère voir ce renflement équatorial à leurs dépens. Ils restèrent au moins à distance rigoureuse l'un de l'autre, s'ils ne furent pas même légèrement éloignés. L'isolement nécessaire au libre jeu de la calotte, autour du noyau central, semble bien devoir s'étendre insensiblement jusqu'aux régions polaires souterraines.

Ce fut donc une déformation et un remaniement complets de la surface du globe, remaniement auquel la partie centrale est restée étrangère, et dont la calotte dut seule supporter les effets, les traces profondes à sa ceinture équatoriale. Certaines inclinaisons ultérieures de ce globe dans son mécanisme de la gravitation, et dès lors prévus, demandaient la conservation de la sphéricité parfaite pour le noyau, afin d'éviter plus tard toutes commotions éventuelles et devenues inutiles, commotions parfaitement évitées par un noyau à rondeur parfaite, se prêtant par sa forme à toutes les inclinaisons demandées.

Mais parmi les raisons providentielles du détachement souterrain, de l'isolement du noyau, il en est une d'une importance capitale, énorme. Nous voulons parler de celle qui déjà voulait la régularité de la marche de la Terre, c'est-à-dire sa sécurité même, son avenir. Les astres qui se meuvent autour du Soleil sont, on le sait, sujets à influer par leur masse sur la marche des astres voisins. Ces influences se traduisent par certaines perturbations assez sensibles pour pouvoir être observées par les astronomes.

La Terre, comme tous les corps planétaires, doit ressentir ces influences qui pourraient lui devenir fatales, si elle n'avait acquis par son dégagement intérieur une grande souplesse pour leur échapper. Observons à ce sujet que toutes les planètes gravitant sur le même plan, la Terre, sous l'effet de leurs coïncidences d'attraction, se trouve leur obéir, s'y prêter dans le sens le plus favorable à sa constitution intérieure, c'est-à-dire en leur opposant sa plus grande somme de vide, celle que renferme son équateur souterrain (Fig. 35). Sous l'effet d'une influence trop puissante, trop vive, un tremblement superficiel, dû au frottement ou tout simplement à l'approche des deux masses, que l'on pourrait appeler négative et positive, nous avertit seul de la grandeur de l'influence qui vient d'agir sur le globe.

Les tremblements de terre, conséquence voulue de la théorie présente, ne proviennent donc pas, à proprement parler, d'une cause intérieure, mais ne sont que les effets traduits d'une cause tout extérieure. Nous croyons, du reste, au moment venu, le prouver ou du moins l'appuyer par un fait tout particulier.

Voici, d'après nous, comment s'exécute le mécanisme très-simple des tremblements de terre.

Le globe, sous l'effet d'une attraction ou d'une répulsion extérieure quelconque, s'avance ou se dérobe. Dans le premier cas, c'est à un endroit situé à l'opposite du côté ou s'exerce l'influence que se produiront les tremblements de terre, résultat du contact ou de l'approche des deux masses souterraines. En cas de répulsion, l'attouchement intérieur devra se produire au contraire du côté de l'influence.

La calotte terrestre sollicitée, obligée de toucher le noyau, rencontre d'abord dans son sein même un obstacle élastique, produit par la masse de gaz ou d'air qui comble naturellement les intervalles ménagés. L'air, comprimé du côté où le contact tend à s'opérer, se réfugie momentanément avec force du côté opposé ou de l'isolement. C'est là certainement une cause d'amortissement puissante et efficace. L'air ainsi accumulé dans l'intervalle élargi doit retourner à son tour vers l'hémisphère du contact, et probablement par ces refoulements de plus en plus doux et insensibles à la surface, doit suffire le plus souvent pour annihiler, conjurer les effets dangereux des contacts.

L'air refoulé dans le sein du globe doit chercher souvent une issue par les voies disposées, fissures ménagées pour ce motif par la nature et connues sous le nom de volcans. L'air raréfié, d'un autre côté, doit au contraire être quelquefois remplacé par ces mêmes voies et par le poids de l'atmosphère extérieure. Ceci peut contribuer dans une part infiniment petite aux vents qui accompagnent très-souvent les tremblements de terre (1). Les vomissements de flammes, de matières ignées entraînées dans une colonne de gaz brûlants, montrent l'intime liaison des volcans avec les phénomènes dont nous parlons. Le nom de soupapes de sûreté donné depuis longtemps à ces bouches ignivomes est d'une grande justesse. Leur rôle est d'apporter un soulagement aux refoulements, aux raréfactions exagérées de l'intérieur. Ce peut être encore par suite de ces dispositions

(1) Une autre cause bien plus puissante du déplacement de l'air sera produite avant peu.

9

naturelles, basées sur l'élasticité des fluides, que les éruptions volcaniques ne précèdent pas, mais suivent les tremblements de terre. L'activité permanente de certains volcans tend à prouver la marche, l'instabilité permanente du globe et les influences qui l'entourent sans cesse en menaçant son équilibre.

De cette façon, le globe peut échapper à une influence qui pourrait devenir fatale à l'itinéraire mathématiquement tracé de la gravitation. Il se dérobe à l'influence qui le menace pour reprendre ensuite sa position première et normale, sans que même toute la masse terrestre ait participé au mouvement perturbateur. Les actions et réactions des courants gazeux souterrains s'y prêtent. Si toute la masse de la Terre entrait dans le mouvement, les désordres superficiels seraient peut-être beaucoup plus graves, mais nous considérons surtout que les conséquences pour les régularités de révolution, seraient tôt ou tard terribles, car le globe inerte, inorganisé en quelque sorte, ne posséderait plus en lui-même de moyen efficace de rentrer dans sa ligne normale d'où un dangereux voisinage l'aurait fait dévier. L'action, la réaction des déplacements gazeux, le balancement calculé et prévu qui en résulte dans les masses ne seraient plus là pour maintenir, préserver plus ou moins heureusement l'ensemble de ces masses, et le commencement de la déviation de l'astre serait celui de son anéantissement.

L'universalité du phénomène des tremblements de terre semble bien demander pour expliquer sa cause, l'action, le jeu des fondements mêmes du globe. Quelle base large en rapport avec la grandeur des effets ne faut-il pas ici à l'explication, quand on voit la Terre trembler d'un pôle à l'autre, détruire en 1755, Méquinez (Maroc), Lisbonne (Portugal), se faire ressentir à la Martinique et jusqu'au Groënland (Amérique du Nord).

Devant d'aussi grands effets, ne se sent-on pas prêt à abandonner l'idée d'une soufrière en feu ou d'une cave accidentelle de vapeurs en activité. Et n'est-il pas plus simple, lorsque l'on sait les façons de procéder ordinaires de la nature, de considérer le globe comme une création organisée que comme un récipient, un simple pot à artifice, sourd aux questions sur sa manière d'être et de se comporter.

Nous ne nous appesantirons pas davantage ici sur les effets des tremblements de terre, sur les villes englouties, les montagnes surgies, les lits de fleuves détournés, les affaissements de terrains, les gouffres formés, nous laissons ces effets effroyables, dont tout le monde a lu les descriptions, pour arriver plus rapidement au développement de la théorie.

Mais, si nous reconnaissons, si nous attribuons au phénomène qui nous occupe des causes puissantes, nous ne prétendons pas cependant que ces causes soient toujours pleinement mises en jeu dans les tremblements de terre. L'électricité y remplit un rôle énorme.

En effet, que le frottement, le simple rapprochement même des deux masses terrestres ait lieu, des effets électriques se manifestent sur le globe. La constitution vitrifiée des masses granitiques ignées qui nous séparent, semble devoir acquérir un degré de vitrification d'autant plus grand et par conséquent des propriétés non conductrices d'autant plus accusées, que la profondeur de ces couches granitiques les rapproche davantage du foyer de chaleur intérieure. De là semblerait possible, probable pourrait-on hasarder, une cuirasse opposée aux effets de l'électricité exagérée, dangereuse qui se dégage de ces rapprochements peut-être incessants. L'électricité du grand réservoir commun si nécessaire à la vie ne se perd pas, de la sorte, inutilement dans la masse de la calotte terrestre. Mais, au travers de cette masse isolante s'étendent, se prolongent jusqu'aux limites inférieures des terrains secondaires, des conducteurs métalliques qui apportent à la surface du globe, comme par autant de nerfs, cette électricité dont nous montrons la nature si économe, et qui traduisent toutes ses impressions intérieures les plus profondes. Nous voulons parler ici des filons métalliques sur lesquels nous allons nous étendre un peu.

Le système économique employé par la nature, sa précaution de recouvrir les strates métalliques d'une couche de matières relativement moins conductrices (granits, porphyres, etc.) et probablement même, inférieurement encore, de couches d'une inconductibilité absolue, montre le cas immense qu'elle fait de l'électricité.

Les émanations précieuses de l'électricité sont donc recueillies économiquement sur les pointes de filons éminemment conducteurs qui traversent les enveloppes plus ou moins isolantes, et distribuées par les voies multipliées de cette sorte de chevelu électrique aux millions d'endroits où la vie les réclament.

C'est par ces nerfs métalliques, en communication avec les impressions intérieures et secrètes du globe, que se manifestent le plus ordinairement les tremblements de terre. L'on comprend dès lors pourquoi ces crevasses que l'on voit tout-à-coup se faire sur un point, lorsque l'on sait que ce point doit renfermer presque infailliblement, à une distance voulue, un épanouissement de nerfs métalliques éminemment conducteurs de l'électricité intérieure. Les extrémités inférieures de ces nerfs se trouvent dans ce cas plongées les plus près du point critique du rapprochement des masses intérieures; voilà, croyons-nous, la raison de ces points crevassés.

La disposition de ces filons dans la nature semble bien, du reste, révéler une grande intention de la part de celui qui l'organisa. Le hasard n'a pas présidé à cette disposition. Si l'orientation des montagnes dans certaines contrées attribue des soulèvements communs à ces montagnes, des observations semblables ont été faites et depuis longtemps sur ces filons métallifères du globe. L'on conçoit, en effet, que les froissements intérieurs du noyau aient déterminé dans la calotte terrestre, surtout dans les régions subéquatoriales, des millions de crevasses, diminuant de largeur de bas en haut et injectées également de bas en haut des matières métalliques en fusion, recélées dans les divers étages de cette calotte. De là pour les filons des directions qui doivent, en effet, marquer le plus souvent une origine commune et les temps de formation commune d'une cause unique.

Tout doit servir dans la nature; rien d'inutile. Il y a presque toujours plusieurs raisons dans un fait naturel. On peut même dire que si l'on n'en voit qu'une, c'est que nous sommes trop bornés encore pour voir les autres. En fendillant le globe pour assurer les communications électriques de l'intérieur avec l'extérieur, communications indispensables pour la vie à la surface , l'ingénieur suprême assurait la solidité de ce globe par les coulées métalliques dont il le traversait. Les nerfs qui portaient la vie à la superficie étaient en quelque sorte les tenons , les crampons qui enchaînaient la matière qui supportait cette vie , remplissant ainsi un double emploi de conductibilité et de consolidation matérielle.

L'on comprend encore que le plus grand nombre de crevasses ayant dû exister à l'intérieur, sous les régions équatoriales où les froissements ont été les plus puissants , il en a dû naître plus de ramifications nerveuses aux contrées superficielles correspondant à ces régions souterraines. C'est, en effet, ce qui doit être. La vie est plus active, plus multipliée dans les régions chaudes que dans les froides où les filons ont de grandes raisons d'être plus rares.

Nous avons été frappé, tout le monde a pu l'être, pensons-nous, de la similitude qui existe entre la figure, l'image que nous offre ce qu'il nous est donné de connaître d'un filon , et celle que nous offre l'ensemble des crevasses dessinées par un tremblement de terre. L'on dirait souvent que ces dernières ont été déterminées par les formes brutalement ramifiées d'un filon. L'œil, à défaut du raisonnement, suffirait, croirait-on , pour découvrir une parenté , une connexion secrètes entre ces deux phénomènes. Les filons doivent servir de poncifs à l'image des crevasses.

Qu'on nous permette même de sortir un peu du sujet , et , puisque nous parlons de l'électricité , de mettre en avant qu'il est possible que les lignes heurtées de la foudre aient une cause secrète dans les formes heurtées des filons métallifères. L'on connaît le pouvoir attractif des métaux, surtout en grandes masses, comme doivent en recéler les emmagasinements intérieurs dont nous parlons ; l'on connaît surtout le pouvoir des pointes sur l'électricité ; or, ces pointes puissantes multipliées, dissimulées à l'intérieur sont fort capables, pensons-nous, d'agir sur l'étincelle électrique. Les filons possèdent ainsi les trois qualités nécessaires pour agir sur la foudre. Leur masse énorme, la nature de cette masse éminemment conductrice, la disposition en pointe qui a tant de puissance dans les expériences d'électricité. Ajoutons que les paratonnerres sont construits en prenant en principe ces deux dernières propriétés. Si la tige d'un paratonnerre de deux ou trois cents pieds à quelque influence sur la foudre, que ne doivent avoir celle de filons de plusieurs centaines de lieues ! Nous conservons donc jusqu'à preuve du contraire la persuasion que les filons métallifères ou plutôt métalliques (1), agissent beaucoup sur l'étincelle électrique de la foudre et peuvent même influer sur celle de nos machines.

La figure heurtée en même temps que ramiforme des filons peut seule jusqu'ici, croyons-nous, expliquer ces formes également heurtées, en zig-zag, et surtout ces formes arborescentes qu'affecte la foudre dans certains moments d'irritabilité.

Quel nouveau jour la théorie présente, qu'on nous permette de le penser un instant, ne tend-elle pas à jeter sur certains mystères de l'électricité.

La superposition des couches métalliques fonda-

____

(1) Certaines pointes terminales de filons sont mélangées accidentellement de matières diverses, qui peuvent diviser la matière métallique au point de l'isoler de leur grande souche.

mentales doit, dans l'ordre qui y a présidé, jouer à elle seule un rôle immense dans l'électricité intérieure. Le globe, formé de ces couches concentriques comme d'autant de couples, ne forme en réalité qu'une pile électrique sphéroïdale. Rien ne doit manquer dans sa constitution électrique, pas même l'acide sulfurique nécessaire aux piles de nos expériences; le soufre est, on le sait, une des matières le plus communément rejetées par les bouches ignivomes. Le plus souvent, les cratères éteints ou assoupis, qui depuis longtemps n'émettent plus de laves, exhalent souvent des vapeurs sulfureuses qui déposent du soufre sur les parois des crevasses qui leur livrent passage, et semblent ainsi en trahir l'emploi secret par la nature dans son mécanisme intérieur. Une partie de ces vapeurs, en passant à l'état d'acide sulfurique, réagit sur l'alumine des rochers et donne ainsi naissance à des masses d'alun. La plus célèbre de ces fabriques naturelles de soufre, nommées Solfatares, est celle de Pouzzoles, près de Naples, déjà exploitée par les anciens Romains.

Les vapeurs d'eau doivent exister également au sein du globe. Tous les éléments constitutifs d'une pile immense existent donc, jusqu'aux liquides nécessaires à l'imbibition des couples, projetés probablement par des conduits spéciaux.

Il est possible que des abîmes sous-marins aient la mission de remplacer, dans certaines proportions, par l'eau salée utile aux jeux électriques, l'air, l'eau, les vapeurs usées et expulsées par d'autres bouches volcaniques. Nous soupçonnons également aux courants sous-marins des relations secrètes avec les fonctions intérieures du globe. Le plus important de tous , le Gulf-Stream , courant d'eau tiède , dont les affinités chimiques sont différentes de celles des eaux salées ordinaires, le donne particulièrement à penser.

L'action dynamique que l'admirable théorie du commandant Maury attribue aux sels marins dans le mouvement des courants, pourrait, pensons-nous, n'être que secondaire et n'être qu'une raison adjutoire d'une cause plus capitale. La force initiale immense du Gulf-Stream, son apparition dans des parages que l'on sait particulièrement éprouvés par les commotions souterraines, entrent dans les raisons qui nous portent à croire encore au rôle dynamique des sels secondaires.

A son origine (dans le détroit de Bahama, golfe du Mexique), nous voyons le Gulf-Stream remonter dans son lit d'eau froide sur un plan incliné qui s'abaisse du nord vers le sud, et obéir ainsi à un mouvement ascendant, mouvement constaté qui a fait rejeter la théorie de Franklin , assignant au contraire pour cause initiale la surélévation des eaux de la mer des Antilles, sous l'impulsion des vents alisés. En conséquence de la rotation diurne du globe terrestre , nous voyons le courant s'acheminer vers le nord en inclinant vers l'est , puis dessiner sur le globe son immense course circulaire ayant pour champ l'Océan Atlantique.

Au milieu de l'Atlantique, dans un endroit compris entre les Açores, les îles du Cap-Vert et les Canaries, se trouve un vaste espace couvert de plantes marines, dans une épaisseur telle , quelles arrêtent parfois les navires dans leur marche. Ce banc d'herbes , d'une immense étendue, connu des navigateurs sous le nom de mer des Sargasses, et découvert pour la première fois par Christophe Colomb, n'a depuis changé sa position. Il est presqu'entièrement formé par les varechs qui flottent sur les bords du Gulf-Stream et qui semblent portés vers un point central par le mouvement circulaire de ce courant. « C'est ainsi, « lisons-nous quelque part, que des corps flottants « dans un bassin plein d'eau, à laquelle on imprime « un semblable mouvement, tendent toujours à se « rassembler au centre, et l'on peut regarder l'Océan « Atlantique comme un immense bassin au centre « duquel se trouve la mer des Sargasses. »

Nous ne saurions accepter complétement la comparaison.

Lorsque l'on sollicite, en effet, l'eau d'un bassin au mouvement circulaire, il est à remarquer que la force centrifuge exerce sur les parois des effets manifestes. Ces effets sont une tendance évidente du liquide à prendre un niveau supérieur en montant sur les bords, supériorité de niveau qui ne peut s'établir qu'aux dépens de celui de la partie centrale du bassin, laquelle alors, par compensation, s'abaisse dans une même proportion. Les corps flottants obéissant alors aux différences de niveau, doivent, quoique sollicités par la force centrifuge, tendre à s'éloigner du centre et se réfugier vers ce dernier.

Telles ne sauraient être les conditions d'une course circulaire de liquide dans un champ libre, où la force centrifuge se traduirait par une fuite des parties des circonférences vers tous les points du globe. Un mouvement de ce genre n'y saurait être que momentané au lieu d'être éternel.

Il est une expérience qui semble devoir expliquer

plus facilement le mouvement. Un bassin rempli d'eau, percé d'un trou central, et c'est une expérience exploitée en physique tendant à démontrer la rotation diurne, amène un mouvement rotatoire toujours uniforme, sans occasionner ces renflements de niveau dont nous parlons. La fuite plus ou moins considérable du liquide au centre, occasionne encore dans la surface liquide une dépression centrale proportionnelle à son importance. C'est à cette dépression plus ou moins marquée ou insensible, et non au mouvement giratoire qui tend à les disperser, que les corps flottants doivent d'aller retrouver un centre commun, un niveau inférieur.

Cette satisfaction donnée dans les niveaux, et la conservation alors possible du mouvement circulaire tendent encore à nous affermir dans cette idée, que la mer des Sargasses est un point central du bassin Atlantique, qui cache une fuite plus ou moins considérable de cet Océan dans les entrailles de la Terre. Le courant circulaire Gulf-Stream pourrait n'en être que l'onde absorbée, utilisée dans une injection souterraine, et rejetée par une autre voie dans les eaux du golfe du Mexique. Les communications particulièrement fréquentes du sol mexicain avec les impressions intérieures du globe, aident encore à le supposer.

Une dernière raison, appuyant encore notre proposition, réside dans l'identique position des deux bouches d'absorption et d'expulsion.

L'on est porté à croire que les eaux destinées à injecter l'appareil souterrain doivent se retrouver, dans le mouvement rotatoire du globe et leur course accomplie, sur un point d'une ligne toujours parallèle au cercle équatorial. C'est, en effet, ce que nous montrent les phénomènes dont nous avons parlé, et la source de ce fleuve intérieur poussé, ramené, ramifié probablement à l'infini sous les canaux souterrains, ferait irruption à la mer des Sargasses, c'est-à-dire au tropique du Cancer. L'embouchure de ce même fleuve intérieur aurait lieu à la naissance du Gulf-Stream, dans le détroit de Bahama, c'est-à-dire également au tropique du Cancer.

La chaleur modérée du courant, à son origine, peut parfaitement provenir d'un mélange forcé avec les eaux qu'il rencontre au point sous-marin où il surgit. La construction de ce point ou peut-être de ces points multipliés peut être telle qu'un mélange s'y opère dans certaines proportions, augmentant ainsi plus ou moins le volume réel du liquide qui remplissait l'artère souterraine.

Le lecteur aura remarqué que nous n'insistons en rien sur ce rôle problématique des courants. Nous avons besoin nous-même de ses propres lumières pour nous éclairer sur la vérité dans ce rôle et nous fixer. Dans l'état actuel de la science, nous savons peu de chose. Qui sait si la salure des eaux marines, que nous faisons exploiter ici par et pour l'électricité souterraine, n'est pas due au contraire à son séjour dans ce milieu minéral, dans l'immense appareil souterrain qu'il visite. Qui sait si le flot surgissant du Gulf-Stream dans le golfe du Mexique (semblable ici a un courant de sang animal), avec ses eaux fatiguées, usées pour l'intérieur, neuves et revivifiantes pour l'extérieur où elles semblent venir chercher le contact régénérateur de l'air, n'apporte pas ou n'a pas apporté jadis avec lui à la surface ce tribut salin nécessaire aux océans ?

Terminons ces lignes consacrées à la mer par ce passage du commandant Maury :

« L'étude des divers phénomènes de la mer révèle
« à chaque pas de nouvelles merveilles, et l'on ne
« tarde pas à voir dans cette masse liquide, qui
« semblait inanimée au premier abord, un véritable
« monde, vivant et se mouvant, en obéissant à des
« lois déterminées. Plus on avance et plus l'im-
« pression de ce majestueux spectacle devient saisis-
« sant. On comprend que cet ordre parfait ne peut
« être l'effet du hasard et qu'une intelligence su-
« prême doit présider à cette grande harmonie. Aussi
« une semblable étude est-elle de celles qui élèvent
« l'esprit de l'homme et le rendent meilleur. Il voit
« alors dans le Gulf-Stream, par exemple, autre
« chose qu'un immense courant d'eau chaude tra-
« versant l'Océan ; il y voit une des pièces les plus
« merveilleuses de cet admirable mécanisme, au
« moyen duquel l'air et l'eau sont adoptés l'un à
« l'autre et concourent au même but ; il y voit enfin
« l'un des plus puissants agents météorologiques de
« notre globe. »

Nous laissons au lecteur à penser si l'on n'y pourrait voir un agent électrique.

Tout se produit donc devant nous, semblant réclamer un emploi dans le jeu électrique du globe.
Les frottements, contacts, rapprochements des bases,
bases électriques elles-mêmes par leur nature, par
leur ordre d'étagement observé, les liquides salins,
acides ou acidulés nécessaires à l'imbibition, les
vapeurs aqueuses, les conducteurs métalliques qui
viennent s'épanouir dans l'épiderme du globe, tout,
disons-nous, semble créé, constitué en vue d'ap-

porter le plus économiquement possible une électricité nécessaire, et de faire de la Terre une immense machine à vivre. Tout, jusqu'à l'expérience, semble venir confirmer cette idée. L'électricité, utile seulement à l'extérieur du globe, doit rester étrangère au globe intérieur et n'y laisser aucune trace, en vertu du principe qui veut que l'électricité se porte à la surface des corps. Pour démontrer ce principe, on a une sphère de cuivre, isolée sur un pied de verre ; sur cette sphère, s'appliquent deux hémisphères creux, aussi de cuivre, de même diamètre qu'elle, pouvant la recouvrir exactement et s'enlever à volonté à l'aide de manches de verre. Après avoir électrisé la sphère, on applique dessus les deux hémisphères faisant le rôle de calotte et qu'on tient par les manches de verre, puis on les retire brusquement et bien ensemble. Or, on observe qu'ils sont alors électrisés tous les deux, mais que la sphère n'a conservé aucune trace d'électricité. Le fluide communiqué à la sphère était donc tout entier à la surface, puisqu'il a été complétement enlevé en même temps que ses deux enveloppes.

Plus on y réfléchit, plus l'hypothèse prend consistance. Cessons, pensons-nous, de regarder les soufrières terrestres comme autant de masses de matières seulement explosibles, causes des tremblements de terre, et regardons-les plutôt comme une matière nécessaire au jeu calme, réfléchi, organisé de notre globe terrestre, à ses fonctions intérieures et régulières.

La solidarité de toutes les parties du globe, dans le phénomène des tremblements de terre, tendrait un peu à se démontrer dans le trouble des eaux des puits artésiens, troubles plus accentués pendant des secousses assez lointaines du globe. Il résulte des observations très-intéressantes de M. Hervé-Mangon, professeur, que la proportion des matières solides amenées à la surface du sol par les eaux du puits de Passy, semblent augmenter et coïncider avec les secousses observées dans nos contrées europénnes. Il est à regretter que ces observations ne se puissent faire que dans les premiers temps de l'établissement des puits artésiens. L'eau finit par y acquérir une pureté qui rend malheuseusement inutiles toutes remarques à ce sujet.

L'influence des astres qui nous entourent sur les tremblements de terre, semble prendre par l'expérience une cónsistance nouvelle. Ampère, combattant la théorie de l'existence d'un centre liquide, renfermé par la Terre, disait que ceux qui avaient imaginé cette hypothèse n'avaient pas songé à l'attraction lunaire sur cette masse liquide. L'influence existe, selon nous, non par la raison de l'attraction de la Lune pour une masse liquide à laquelle nous ne croyons pas, mais par l'attraction simple de la matière d'un astre pour la matière de l'astre voisin (1).

M. Alexis Perrey, professeur de physique à la Faculté des sciences de Dijon, invoque à l'appui d'une théorie qui à des tendances à la vérité, ce que M. Ampère présente à titre d'objection. Le rapprochement d'un nombre immense d'observations le conduit à considérer les tremblements de terre comme l'effet de l'attraction lunaire et planétaire s'exerçant

(1) Ampère ajoutait qu'on ne saurait concevoir comment l'enveloppe de la Terre pourrait résister au choc incessant d'une masse liquide aussi considérable.

sur la masse liquide, qui doit former au centre de la Terre un océan de feu.

D'après cette théorie, dit l'*Année scientifique* de Louis Figuier, « l'onde séismique (du grec secousse) « doit être d'autant plus forte que l'attraction des « deux astres qui la détermine est plus énergique, « et elle doit suivre en général les mêmes lois que « les marées océaniques. Les tremblements de terre « doivent être plus fréquents aux syzigies (conjonc- « tions de la Lune et du Soleil) qu'aux quadratures « (écartement le plus grand des deux astres). Ils « doivent aussi être plus sensibles aux époques de la « pleine et de la nouvelle Lune qu'aux époques du « premier et du dernier quartier. C'est là ce que « M. Perrey a mis à peu près hors de doute par la « discussion des dates précises d'un nombre im- « mense de tremblements de terre. La majorité que « M. Perrey a trouvée en faveur des syzigies, nous « paraît à la vérité très-faible, mais l'auteur ajoute « qu'en divisant la lunaison moyenne en huit parties « égales et enregistrant les faits qui correspondent à « chaque huitième, on trouve dans le tracé, des « courbes graphiques, des maxima bien marqués au « commencement, au milieu et à la fin de cette « lunaison.

. . . .

« Les tremblements de terre, ajoute à ce sujet « M. Louis Figuier, sont intimement liés aux « éruptions volcaniques, et l'on pourrait appeler les « tremblements de terre des éruptions volcaniques « avortées. Les volcans sont des espèces de soupi- « raux qui établissent une communication du dehors « avec l'intérieur de la Terre, et qui, par intervalles,

« livrent passage à la matière incandescente ren-
« fermée à l'intérieur de notre globe. Mais l'influence
« que les circonstances locales exercent sur l'établis-
« sement d'un volcan est toujours si grande , qu'il
« serait téméraire de chercher une liaison certaine ·
« entre les époques des éruptions volcaniques et les
« phases de la Lune. Une observation importante , à
« cet égard, à pourtant été recueillie. Pendant l'érup-
« tion du Vésuve , en 1855 , MM. Sachi et Palmieri
« observèrent une recrudescence de la lave deux fois
« par jour à des intervalles de douze heures environ,
« et avec un retard d'une heure environ d'un jour à
« l'autre , ce qui semble bien indiquer l'effet d'une
« marée lunaire. »

Pour nous , qui ne saurions nous décider à croire
à l'océan de feu, la remarque de la recrudescence de
la lave est un effet naturel de tout ce que nous
avons proposé au lecteur sur la constitution du globe.
En effet, que l'on admette l'attraction des astres environnants s'exercer d'une façon aussi faible que l'on
voudra sur l'enveloppe terrestre , il en devra résulter
immédiatement, d'un côté, un éloignement entre les
deux masses intérieures , et de l'autre , au contraire,
un rapprochement entre ces mêmes masses. De là
un souffle plus ou moins fort et entraînant par les
bouches volcaniques une tendance périodique à la
déjection des laves. Un déplacement par influence
de l'enveloppe terrestre sur son noyau, ne fût-il que
de quelques centimètres , doit amener un déplacement considérable de gaz à l'intérieur de la Terre
et se faire sentir par les voies de communication.

Mais, nous allons mettre sous les yeux des lecteurs
un fait qui les affermira, pensons-nous, dans la foi

des influences extérieures, planétaires ou sidérales, comme causes uniques des tremblements de terre.

Nous empruntons encore à M. Louis Figuier ces quelques lignes de son *Année scientifique et industrielle :*

« Dans la matinée du 6 octobre 1863, deux « secousses de tremblement de terre ont été ressen- « ties distinctement à Waterfod, Bootle et autres « localités des environs de Liverpool. La ville de « Huford a été violemment ébranlée aussi. Le choc « s'est fait sentir sur toutes les côtes de l'ouest de « Bristol à Liverpool et au centre jusqu'à Derby, « Birmingham, Wolorhempton, etc.

« Les oscillations semblent avoir été surtout mar- « quées dans le bassin de la Severn d'une part et de « la Mersey de l'autre. Cependant, on n'a parlé « d'aucun accident grave ; quelque vaisselle brisée, « quelques tuyaux de cheminée renversés, voilà tous « les désastres causés par cette secousse. Il y a huit « ans, un phénomène semblable, mais si peu intense « que beaucoup de personnes l'ont nié, s'était déjà « produit dans le même bassin, un peu après minuit. « On a prétendu, cette fois, que l'heure a été exacte- « ment la même à cinq minutes près. Cela ne résulte « cependant pas de la curieuse observation qui lui « a été faite de cette secousse à l'observatoire astrono- « mique de Greenwich.

« L'un des aides de M. Airy était occupé, dans la « matinée du 6, à prendre la hauteur de la Lune ; il « dirigea ensuite sa lunette sur une mire éloignée « placée dans la direction du nord. Tout-à-coup cette « mire lui sembla descendre, s'arrêter un instant et « remonter ensuite, après quoi elle ne bougea plus.

« Cette observation a été faite entre trois heures
« vingt-trois minutes et trois heures vingt-six mi-
« nutes du matin. M. Airy rapporte que l'oscillation
« apparente de la mire n'a été qu'une illusion d'op-
« tique produite par le mouvement de vibration du
« pilier qui supporte la lunette, et que cette vibration
« était dûe au choc horizontal, dont la composante
« nord-sud aurait été dans tous les cas la seule qui
« peut agir sur l'image de la mire. »

Pour nous, et nous ne pensons pas en ceci juger
de parti pris, nous trouvons beaucoup plus simple
de croire, non à une illusion d'optique, mais à un
déplacement général et sensible de l'instrument par
rapport à l'observateur et à la mire observée. Dans
l'instant même où la Terre se dérangeait avec l'instrument d'observation, l'astre, point de mire, restait
fixe et devait naturellement accuser dans cet instrument la proportion, la mesure exacte de ce déran-
gement.

Il semble devoir suivre de cette observation for-
tuite faite onze ans avant la publication du présent
livre, que la Terre se déroberait momentanément, se
dérangerait de la ligne rigoureuse de son orbite. En
effet, pendant la remarque, notons qu'il n'est pas
question d'aucune secousse brutale comme si ce
phénomène de déplacement eût été le résultat d'ex-
plosions intérieures de matières inflammables. L'observateur semble n'avoir jugé que le déplacement
seul du point de mire, objet de son attention.

Si l'on est convaincu du mécanisme régulier intérieur que nous avons proposé, le déplacement du
point de mire est, non une illusion, mais une nécessité d'optique, non-seulement à l'endroit impressionné

par le tremblement de terre, mais encore à toutes les parties du globe qui doivent participer au mouvement général de l'enveloppe terrestre. N'oublions pas que les accidents locaux, les points d'intensité du phénomène ne sont dus le plus souvent dans un simple rapprochement des masses, sans contact, qu'aux nerfs métalliques sous-jacents particulièrement affectés à leurs racines par le rapprochement, le voisinage du point de contact critique intérieur.

En attendant que des coïncidences heureuses d'observations nous donnent une raison que nous ne voulons accepter que de la vérité, ou nous condamnent, nous devons croire que la Terre se meut, non-seulement partiellement, mais tout entière sous l'influence de causes extérieures, et que le fait dont s'est trouvé témoin l'astronome anglais en eût pu faire témoins tous les observateurs des différentes parties du globe, le déplacement des points de mire variant toutefois avec les lieux.

Qu'on nous permette pour la Terre et ses tremblements la comparaison d'un navire qui, sous l'effet d'un coup de vent violent, se précipite au point de faire choquer contre la coque les parties de son chargement. Le point particulièrement ébranlé par le choc fuit à peu près comme tous les autres points de la masse mobile du navire, et dix observateurs placés à dix endroits différents, mesurant la rapidité de leur marche par l'immobilité des points circonvoisins, seraient, aussi bien que l'observateur placé sur le point même du choc intérieur, en mesure de constater cette rapidité, d'après les conditions diverses de leur point d'observation. Ajoutons que cette rapidité insolite pourrait encore être constatée après que le choc plus ou moins faible, plus ou moins violent serait passé, et même sans que le choc ait eu lieu.

Examinons maintenant la chose par un autre côté. Ne paraît-il pas nécessaire, dans le mécanisme si régulier, si délicat de la gravitation et surtout pour un astre qui emporte la vie fragile, superficielle avec lui, que le centre de la Terre soit le point le plus dense de son sphéroïde, celui qui doit renfermer surtout dans lui cette condition de la stabilité, le poids. Figurons-nous, au contraire, la Terre sans poids à l'intérieur (chose du reste absolument repoussée par la physique), la Terre, ne donnant guère à la pesanteur que dans la configuration irrégulière d'une croûte. Ne semble-t-il pas que les chances de déviation soient mille fois plus nombreuses dans cette dernière condition ?

Nous avons tout lieu de douter, disons-le, de l'état de fusion du globe intérieur. La chaleur, autrement dit la dilatation des corps est-elle une condition nécessaire pour le poids plus grand et ici urgent de ces corps ? Assurément non. Bien au contraire ; c'est là une première raison de rejeter absolument un état de fusion du globe, qui remplirait si mal les vues de pesanteur que la nature a dû adopter pour le mécanisme de la gravitation terrestre.

Il nous faut adopter pour le fonctionnement de ce mécanisme, un globe à centre froid, un globe ou noyau régulateur et puissant dans son volume inférieur, et qui, obéissant à l'impulsion initiale reçue, suive aveuglément, inexorablement, sans déviation possible, le chemin tracé à l'avance. Tout réclame en ce globe une masse pesante et relativement inerte,

qui, loin d'être une cause de perturbation pour son
enveloppe, soit, au contraire, pour elle comme une
règle matérielle invariable, soit en quelque sorte une
conscience intérieure qui, lorsque des causes pertur-
batrices extérieures l'en font dévoyer, la ramène à sa
marche normale, nous allions dire à son devoir.

Or, le mouvement ne saurait provenir de la matière inerte au rôle simplement négatif, passif, que
semble demander le centre terrestre, centre créé, au
contraire, avons-nous vu, pour s'opposer au mouvement. L'origine des mouvements universels vient de
l'immensité inconnue, insondable, et ceux, en quelque
sorte transgressifs, des tressaillements du globe ont
leur cause encore dans la même main lointaine.
L'action ne saurait émaner simplement de la matière.
Si la vie est dans tout, c'est qu'elle est répandue par
une main qui enveloppe tout.

Nous croyons le noyau froid et inerte incapable
d'une initiative de mouvement sur le globe, mais
nous croyons, par l'influence d'agents extérieurs, le
globe superficiel susceptible d'obéir à des lois régulières d'abord, et d'essuyer ensuite des secousses plus
ou moins fortes de ces agents.

C'est, selon nous, l'enveloppe terrestre qui reçoit
des astres environnants l'effet d'une puissance influente. Le noyau décline toute espèce de relation
extérieure et fait que notre globe porte en lui-même,
de la sorte, le jalon précieux qui lui fait retrouver sa
route. Calme dans sa marche immuable, les tremblements de terre ne sont que l'expression de la distance
modifiée, produite entre lui et son enveloppe sollicitée.

Avec les relations extérieures s'expliquent très-naturellement les vents qui accompagnent les tremblements de terre. Il semble inutile d'expliquer, lorsque l'on comprend le globe entier devoir obéir à des influences environnantes, ce trouble de son atmosphère impressionnable. Ce trouble devient même une conséquence obligée, et un phénomène inhérent, précurseur de celui des sensations souterraines.

Si les tremblements de terre dépendent d'un déplacement du globe superficiel, ces phénomènes ne peuvent manquer d'être accompagnés d'effets correspondants dans l'atmosphère, et c'est, en effet, ce qui a lieu. Les secousses sont presque toujours précédées d'un certain trouble dans l'équilibre de l'élasticité de l'air, troubles rendus sensibles par des pluies, des grêles, des vents, des orages et des tempêtes considérables. Les tremblements de terre qui désolèrent l'Europe, en 822, furent accompagnés d'orages terribles. En 968, les vents qui se déchaînèrent durant un tremblement de terre détruisirent les moissons dans l'empire d'Orient et y causèrent la famine. L'année 1533 fut constamment orageuse en Suisse, et l'on y éprouva cette année de grands tremblements de terre. Le tremblement de 1343, en Italie, avait été précédé et suivi par des ouragans violents; il se fit sentir principalement à Naples. Pétrarque, qui se trouvait alors dans cette ville, en a laissé une description. « Il est impossible, dit-il, de peindre les horreurs de cette nuit où tous les éléments à la fois paraissaient déchaînés. Rien ne peut représenter le fracas épouvantable que faisaient les vents, le tonnerre et la pluie mêlés ensemble, les mugissements de la mer en fureur, les mouvements de la terre ébranlée. »

Ajoutons que, dans les tremblements de terre, on observe encore des feux s'élevant de terre, des éclairs, des tonnerres souterrains. Le tremblement de terre de Délos fut témoin de l'apparition d'une grande colonne de feu. Pline rapporte que dans le fameux tremblement de terre, lors de la bataille de Trasimène, les eaux du lac parurent couvertes de flammes. En 1726, lors du tremblement de terre de Palerme, un bruit épouvantable, comme un tonnerre souterrain, se fit entendre pendant un quart d'heure, sans qu'il y eût cependant ni vent ni orage ; ensuite, on vit des colonnes de feu sortir de terre et se diriger vers la mer où elles se perdirent. A Remiremont, dans le tremblement de terre de 1682, il se produisit aussi de grandes flammes, et l'on observa qu'elles ne brûlaient point, ce qui convient au caractère électrique.

Rien n'est mieux constaté non plus que les mugissements qui accompagnent les tremblements de terre, qui ressemblent, dit Bertholon, au bruit que fait une étincelle électrique qui tend à s'échapper d'un conducteur fortement électrisé. Tous ces bruits, tous ces effets, sont une manifestation de l'électricité et montrent dans le grand réservoir commun un trouble qui ne saurait provenir que d'une puissante influence extérieure, et par les moyens et le mécanisme que nous avons décrits au lecteur.

Qu'on nous permette encore de voir, dans l'agitation de l'atmosphère, la preuve d'une raison prévoyante, d'une Providence. Le but de la nature semble avoir été dans la construction du globe, la vie animale, et par conséquent, celle de l'homme, son chef-d'œuvre en particulier. La pluralité de masses indépendantes de ce globe semble nécessaire à la conservation de l'existence, car il est certainement à croire que si le globe, complétement massif, opposait une masse monolithe, c'est-à-dire d'une seule pièce, aux influences de l'espace, la résistance considérable d'inertie qui en résulterait, entre autres accidents de la dernière gravité, amenerait des troubles atmosphériques tellement terribles, qu'ils détermineraient l'anéantissement de la vie à la superficie.

La vie semble être le but de la création; la vie intelligente doit être son chef-d'œuvre et devoir être le couronnement de tous les astres qui, chacun à leur époque, sont créés pour s'en entourer. C'est pourquoi nous voyons dans tous les travaux de la création des efforts immenses pour la faire naître, et plus tard pour assurer sa conservation. Ce qui semble être le but final, doit se voir consacrer les moyens.

Une observation se dresse devant la théorie que nous proposons de la pluralité de la masse du globe, pluralité qui doit être, disons-le en passant, une unité dans le moyen adopté dans la construction des astres en général. Nous voulons parler de la résistance douteuse de la matière métallique des couches à la fusion. Il paraît difficile d'admettre que des corps, situés au demi-rayon du globe, c'est-à-dire à sept cent cinquante lieues et exposés à cent vingt mille degrés, puissent jamais résister.

On répond à ceci que : d'abord on n'assigne pas encore à quelle distance du rayon terrestre se rencontre la division de sa matière. Nous n'avons cette témérité, que peut seul affronter un calcul laborieux; on ne saurait donc, par conséquent, affirmer encore positivement la chaleur maxima du globe. Nous de-

mandons ensuite, lorsque l'homme n'a vu, apprécié
des métaux que les quelques échantillons épars, expulsés à sa surface, échantillons qu'il ne connaît pas
tous, puisqu'il en découvre encore de nouveaux ;
nous demandons s'il peut avoir la prétention de
porter sur les métaux inconnus des couches inférieures, un jugement qui ne s'appelle pas un préjugé
ou une prévention. Assurément non. Un aveugle
ignorant pourrait aussi bien affirmer que la mer n'est
pas peuplée de poissons, par la raison supérieure
qu'une trop grande pression les écraserait, ou bien
que les milieux aériens sont, par leur fluidité, im-
propres à supporter le vol des oiseaux. La nature a
organisé la vie en conséquence, voilà tout, pourrait-il
être répondu.

Il doit y avoir, au sein du globe, des couches
métalliques parfaitement résistantes, couches de propriétés inconnues et qui ne sont, avons-nous déjà dit,
que l'expression des pressions plus ou moins éner-
giques, antérieurement imposées par la force initiale
dont nous avons parlé dans la première partie du
livre.

Un exemple de ces propriétés exceptionnelles
semble résider dans les déjections volcaniques. On a
vu la lave du Vésuve fumante encore après vingt-
cinq ans d'exposition à l'air. Une telle singularité ne
doit-elle pas nous mettre en garde contre la prévention que nous inspire ce qui a le tort de n'être
connu de nous. Quel corps autre que cette lave, venue
des foyers incandescents de l'intérieur, pourrait donner idée d'une telle chaleur éprouvée, et en accusant
ainsi par une aussi longue persistance à la conserver,
manifester en même temps son aptitude à la supporter ?

Tout tend à nous faire croire à l'existence de corps souterrains, dont les propriétés s'écartent de ceux que la nature nous permet d'apprécier accidentellement et superficiellement.

Ce que nous avançons ici ne l'est pas pour les besoins d'une théorie. Que le lecteur remarque bien que cette résistance des corps semble tout aussi nécessaire, sinon encore plus, avec ce que nous appelons la vieille théorie qui double de moitié l'intensité du foyer du globe en le portant à six mille kilomètres. Quel état particulier d'incandescence dépassant la volatilisation ne devraient pas aussi bien éprouver alors tous les corps matériels connus ! Les corps appelés à y être soumis ne demandent-ils pas bien plus encore en ce cas à être spécialement organisés. Nous rappelons encore que le système présent ne comporte seulement qu'une zône échauffée, située à la moitié peut-être du rayon terrestre.

Nous ne pensons donc pas que la question d'infusibilité soit le moins du monde un obstacle à la théorie présente, au contraire, puisque la modération dans la chaleur est son partage ; avec l'ancienne théorie de la Terre simple, récipient de matières volatilisées par la chaleur qu'elle demande, l'adoption des corps seulement connus est plus difficile encore. La volatilisation établie à l'état de permanence nous paraît impossible, et cependant tous les corps connus devraient éprouver cet état à cette chaleur. Cet état n'est que le passage violent, rapide d'un état matériel à un autre, et en admettant la permanence de cet état violent, on obtient alors pour le globe une condition qui semble un démenti adressé à la science, qui veut le centre de la terre plus lourd qu'elle ne semble l'indiquer par ce que nous connaissons de son écorce. Or, la volatilisation permanente, exigée par l'ancienne théorie, serait pour les corps connus une dilatation perpétuellement maxima, c'est-à-dire, la raréfaction de leur matière. De cet état, porté au-delà s'il est possible de l'état gazeux, devrait résulter un vide relatif établi au centre du globe et l'absence d'une pesanteur reconnue nécessaire.

Ce vide brûlant entretenu par la combustion journalière et ruineuse du globe, nous laisse dans un doute très-grand, et nous ferait, à lui seul, abandonner la théorie qui le fait naître. On se voit donc obligé d'admettre l'existence possible, raisonnable de métaux encore inconnus, constituant les couches à certaines profondeurs qui ne sont nullement celles de l'ancienne hypothèse, métaux dont la résistance à la fusibilité doit être proportionnelle à ces profondeurs, c'est-à-dire aux degrés de chaleur contre lesquels ils ont à lutter.

Nous laissons le lecteur opter entre les théories que nous lui soumettons. Nous n'essaierons pas de conquérir son adhésion. Les faits exposés, les probabilités étendues peuvent seuls avoir cette prétention et cette espérance.

Nous ferons remarquer seulement au lecteur que notre théorie générale du système planétaire, corrobore celle de la formation particulière du globe, en attribuant, fondant à ce dernier un noyau plein, pondérable, résistant, et nous ferons remarquer encore que la théorie particulière du globe appuie celle de la formation planétaire générale, en exigeant d'elle un mécanisme d'enveloppement propre à la massiveté.

Evidemment, il reste beaucoup à dire encore, beaucoup à éclaircir dans l'exposé de notre système. Nous laissons à plus habiles que nous le soin de le compléter. C'est ainsi que nous ne nous sommes permis de vouloir désigner hasardeusement le point précis du partage intérieur des masses du globe. Nous souhaitons qu'un mathématicien puisse le désigner un jour. Qu'on nous permette de produire encore une observation.

L'aiguille aimantée de la boussole se dirige constamment vers un point quelque peu variable, situé aux environs du pôle nord. On est en droit de supposer l'aiguille attirée par des masses, couches ferrugineuses récélées par le globe à ces points attractifs. Le fer doit composer pour nous une des zônes constitutives du globe. Or, nous ferons cette remarque, qui peut avoir son poids, c'est que le fer échauffé à certain degré laisse l'aiguille insensible.

Il semblerait poindre en ceci que la ceinture ferrugineuse terrestre est plus échauffée à l'un des pôles qu'à l'autre. D'un autre côté, nous savons que tout notre système planétaire fuit avec une vitesse extrême vers un point éloigné du ciel, la constellation d'Hercule. La Terre, enveloppe et noyau, doit, comme les autres planètes, s'acheminer vers ce but commun. Le poids du noyau, celui de l'enveloppe, la position du pôle par rapport à la direction de cette marche générale des planètes vers la constellation, doivent avoir une grande importance, supposons-nous, sur le rôle de l'aiguille aimantée de la boussole. Les contacts, et par conséquent les frottements polaires permanents qui peuvent en résulter, doivent déterminer un échauffement plus considérable à un point qu'à un autre dans les masses de fer souterraines, point approximativement connu par l'empressement de l'aiguille à le fuir, et susceptible de varier lui-même selon les variations de la marche de notre monde et selon les influences extra-planétaires exercées selon lui.

Du reste, tous les corps échauffés agissent différemment dans les expériences ayant trait à l'électricité, et ce que nous hasardons en ce moment est purement du domaine de l'imagination.

Les tremblements de terre également laissent matière à de longs chapitres. Les premiers soulèvements généraux du globe qui ont amené sa transformation ont dû laisser des accidents souterrains, témoignages de leur puissance. Des ouvertures immenses imparfaitement remplies peuvent faire surgir des élévations ou déterminer des affaissements. Les accidents géographiques du globe peuvent en avoir parfois d'autres souterrains et correspondants.

Il résulterait, d'après notre système, que la Terre doit avoir une fin vers laquelle elle marche incessamment. Le mouvement, c'est la chaleur. La vie du globe s'arrêtera avec sa chaleur, car le mouvement terrestre doit se ralentir insensiblement tous les jours, toutes les minutes. Les frottements permanents si faibles qu'ils soient, les commotions résultats d'influences sidérales usent la vie du globe. Ce qui fait, assure sa conservation dans sa marche, est cela même qui assure sa fin.

Si la chaleur et le mouvement sont même chose

dans la vie terrestre, il nous faut conclure que cette première ne vient pas exclusivement du Soleil ; qu'elle ne vient même pas de notre globe, qui n'est qu'une simple machine propre à la transmettre par des temps extrêmement longs et au profit de la vie superficielle, but suprême de la création. La chaleur ne vient ou plutôt n'est venue que de l'immensité, de l'arrangement primitif des masses cosmiques qu'elle tenait en suspension, arrangement dont nous avons essayé de faire comprendre l'harmonie, la marche à nos lecteurs dans les premières pages de ce livre.

Les frottements souterrains supérieurement secondés par la nature, la disposition des couches constituant le globe amènent, par les moyens conducteurs que nous avons fait connaître, l'électricité à la surface du globe. L'électricité, c'est la vie. La vie superficielle n'est donc qu'aux dépens de celle du globe, puisqu'elle ne doit d'être qu'aux frottements intérieurs de ce globe, qui arrêtent, usent le mouvement.

Mais, cette vie engendrée sur la terre par l'électricité, par la chaleur, est peut-être elle-même avec tout son mouvement indépendant, un système de compensation, un moyen de conserver à la Terre, en la lui rendant par ce mouvement même, un peu de la chaleur qu'elle dépense. L'économie se retrouve toujours dans la création, souvent avec l'utilisation des effets pour leur cause même. Peut-être, en réalité, y a-t-il en ceci profit pour la durée de l'existence de la Terre ; peut-être, tout en le soumettant à la loi du frottement, est-il avantageux pour ce globe de ne faire participer à son mouvement diurne qu'une partie de sa masse.

Mais nous voici à la dernière page de notre volume.

Nous le répétons encore, il y a énormément à approfondir en tout ceci. Nous ne sommes tout au plus que le bras lourd et inconscient qui abat le bloc, dans lequel de véritables savants découvrent et analysent les richesses minéralogiques qu'il peut renfermer. Puissions-nous avoir donné l'éveil à quelque esprit investigateur et travailleur, qui établisse en lois ce que nous avançons comme hypothèses. Nous déclinons quant à nous ce travail au-dessus de nos forces. Ce n'est pas à nous qu'il appartient de proposer des lois, mais à nous qu'il revient de subir celles de l'opinion publique.

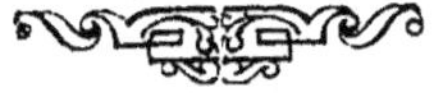

CONCLUSION.

Des pages qui précèdent, nous aimons à conclure qu'une Intelligence puissante a présidé aux travaux de la création. Comment supposer la puissance qui se révèle dans tout sans l'Intelligence, c'est-à-dire sans la faculté de savoir l'appliquer, de savoir créer, et comment encore supposer l'Intelligence sans la puissance d'exécuter ce qu'elle peut concevoir? L'une et l'autre s'identifient; elles se complètent l'une par l'autre. L'exécution de l'Univers et le tracé de ses plans réclament ici la même main suprême. Quand l'homme sera plus savant, c'est-à-dire plus intelligent, il se verra bien forcé d'accepter cette Intelligence qui dirige tout, parce qu'avec son complément indispensable, la puissance, elle a tout créé.

Les hommes qui nient l'Intelligence universelle, Dieu, sont surtout ceux qui en connaissent le moins et, par conséquent, en apprécient le moins les œuvres admirables. C'est une conséquence naturelle de l'ignorance. L'excellence de la foi repose dans l'excellence des raisons de croire.

Un peu de teinture des sciences naturelles fait voir cette Intelligence divine dans tout. L'analogie relie l'infiniment grand qui se meut majestueusement autour de nous, avec l'infime milieu dans lequel nous nous agitons nous-mêmes. Les nœuds aériens qui, sous la compression, s'échappent en notes sonores des conduits de l'orgue remplissant les airs d'une harmonie qui ravit l'âme, ne sont pas, qu'on pardonne si l'on veut ceci à notre imagination, sans quelques rapports éloignés avec les nœuds comprimés qui s'échappent de la colonne planétaire, remplissant dans la portée circulaire que tracent leurs orbites, l'étendue éthérée d'une éternelle harmonie que ouït seule l'oreille divine.

De l'équilibre, des rapports de masses, de ceux des temps, des vitesses, des translations variées, des rotations diurnes, doivent se dégager une harmonie, une symphonie universelle qu'il n'est donné jusqu'ici à l'homme de comprendre; mais les phases, les péripéties, les vicissitudes multipliées des mondes sont recueillies par celui-là qui les voulut faire naître; les moindres frôlements, les moindres rapprochements des globes intérieurs contre leur masse superficielle sont, doivent être perçus et, si nous faisons remonter comme la raison le demande, la perception, la sollicitude divines jusqu'à son chef-d'œuvre, le règne animal, nous nous verrons bientôt forcés d'admettre que l'animalité raisonnable, la partie la plus intéressante de ce règne, le but suprême de la création terrestre, l'Humanité, en est, doit en être particulièrement l'objet.

Pourrait-on admettre que ce qui semble si bien le but dans la création, ne soit pas, à égal titre, un but cher de conservation?

Un immense concert de doléances, de prières, dans lequel se font entendre tour à tour la vérité

reniée ou reconnue, les devoirs négligés ou remplis,
les cris divers des consciences émues, car le cœur
humain aussi est un globe intérieur qui réagit et
proteste contre toute déviation à l'itinéraire tracé,
doit sur chaque globe habité à son tour de rôle,
frapper l'oreille divine attentive, tout aussi bien que
le concert des phénomènes universels des globes
gravitant dans l'espace.

Mais arrêtons ici notre philosophie. Puisse, en ce
qui concerne notre globe terrestre, cette Intelligence
défendre, protéger notre pauvre humanité contre
elle-même, elle-même la grande ennemie de son bonheur. Puisse, cette humanité, ne pas être jugée sur ses
iniquités passées et présentes, sur ce livre à san-
glante rubrique que l'on appelle l'histoire, mais sur
tout le bien que, impuissante par elle-même, elle
est capable de produire désormais, éclairée progres-
sivement des rayons généreux de cette Intelligence.